WERKSTATTBÜCHER

FÜR BETRIEBSANGESTELLTE, KONSTRUKTEURE UND FACHARBEITER. HERAUSGEGEBEN VON DR.-ING. H. HAAKE, HAMBURG

Jedes Heft 50—70 Seiten stark, mit zahlreichen Abbildungen

Die Werkstattbücher behandeln das Gesamtgebiet der Werkstatttechnik in kurzen selbständigen Einzeldarstellungen: anerkannte Fachleute und tüchtige Praktiker bieten hier das Beste aus ihrem Arbeitsfeld, um ihre Fachgenossen schnell und gründlich in die Betriebspraxis einzuführen.

Die Werkstattbücher stehen wissenschaftlich und betriebstechnisch auf der Höhe, sind dabei aber im besten Sinne gemeinverständlich, so daß alle im Betrieb und auch im Büro Tätigen, vom vorwärtsstrebenden Facharbeiter bis zum leitenden Ingenieur, Nutzen aus ihnen ziehen können.

Indem die Sammlung so den Einzelnen zu fördern sucht, wird sie dem Betrieb als Ganzem nutzen und damit auch der deutschen technischen Arbeit im Wettbewerb der Völker.

Einteilung der bisher erschienenen Hefte nach Fachgebieten

I. Werkstoffe, Hilfsstoffe, Hilfsverfahren

II. Spangebende Formung

(Fortsetzung 3. Umschlagseite)

WERKSTATTBÜCHER

FÜR BETRIEBSANGESTELLTE, KONSTRUKTEURE UND FACH-
ARBEITER. HERAUSGEBER DR.-ING. H. HAAKE, HAMBURG

HEFT 5

Das Schleifen und Polieren der Metalle

Von

Dr.-Ing. Heinrich Staudinger

Berlin

Fünfte völlig neubearbeitete Auflage
des in 4. Aufl. von **O. Werkmeister** †,
vorher von **B. Buxbaum** † bearbeiteten Heftes

(27. bis 32. Tausend)

Mit 86 Abbildungen

Springer-Verlag
Berlin Heidelberg GmbH

ISBN 978-3-540-01966-4   ISBN 978-3-642-86084-3 (eBook)
DOI 10.1007/978-3-642-86084-3

Inhaltsverzeichnis.

Chemische Zeichen:

O	Sauerstoff	Si	Silicium	Ti	Titan	B	Bor
C	Kohlenstoff	Al	Aluminium	Ca	Calcium	Fe	Eisen

Vorwort.

In dem vorliegenden, völlig neu bearbeiteten Werkstattbuch wird vorwiegend die Schleiftechnik der metallischen Werkstoffe behandelt.

Das Buch soll dem in der Ausbildung sowie im Berufe stehenden Ingenieur und Facharbeiter einen allgemeinen Überblick über die Schleif- und Poliertechnik sowie ihre Randgebiete nach dem augenblicklichen Stand vermitteln. Das angegebene neueste Schrifttum ermöglicht auch ein weiteres Studium der nur kurz behandelten und über den Rahmen dieses Buches hinausgehenden Schleifprobleme.

1. Entwicklung, Grundbegriffe und Systematik der Schleif- und Poliertechnik.

Das Schleifen und Polieren ist Jahrtausende alt und wurde als eines der ältesten Bearbeitungsverfahren der Menschheit bis zu Beginn des technischen Zeitalters mit *natürlichen* Stoffen und in der Form, wie sie in der Natur vorkommen, durchgeführt. Mit beginnender Anwendung anderer Schneidwerkzeuge diente das Schleifen dann zunächst vorwiegend nur noch zum Schärfen der Schneiden und zum Spitzen von Werkzeugen sowie zum Glätten und Verschönern von Kunstgegenständen.

Seit in der neueren Technik härtere und gehärtete Baustähle sowie sehr harte Schneidmetalle, wie Schnellstähle und Hartmetalle verwendet werden, ist man in steigendem Maße auf das Schleifen als Formgebungsverfahren angewiesen. Diese jüngste Entwicklung des Schleifens von Werkstücken und Werkzeugen verlangte leistungsfähigere Schleifmittel und führte zur Schaffung *künstlicher* Schleifmittel und Schleifkörper. Daneben wurden Verfahren entwickelt, um auch Werkstücke aus anderen Eisenwerkstoffen, aus Nichteisenmetallen und aus nichtmetallischen Stoffen durch Schleifen wirtschaftlich zu bearbeiten. Dieser Stand der Schleiftechnik unter Verwendung künstlich hergestellter Schleifmittel mit neuartigem, sehr hartem Korn wurde erst gegen Ende des 19. Jahrhunderts erreicht und bildet die Grundlage für die heute üblichen Schleifleistungen im Maschinenbau.

1.1 Begriffe der Schleiftechnik. Die Verfahren des Schleifens und Polierens sind außerordentlich mannigfaltig. Auf fast allen Gebieten der Fertigungstechnik, von der Metallverarbeitung bis zur Herstellung von Schmuck, zur Stein-, Gummi- und Filzbearbeitung, um nur einige Gebiete herauszugreifen, wird geschliffen und poliert. Dabei sind im Laufe der Entwicklung eine große Anzahl von Sonderbegriffen entstanden, deren Zusammenstellung und Klärung heute unentbehrlich geworden ist. Daher muß die erstmalige Veröffentlichung [1][1] einer solchen durch Gemeinschaftsarbeit [2] geschaffenen Zusammenstellung „Begriffe der Schleiftechnik" dankbar begrüßt werden. Einige für den Maschinenbau wichtige Begriffsbestimmungen daraus werden hier wiedergegeben:

Schleifen ist ein spangebendes Bearbeitungsverfahren mit einer Vielzahl von Schleifkörnern mit scharfen Schneidkanten oder Schneidspitzen, die in loser Form oder mittels Bindemittel zu einem einheitlichen Ganzen verbunden sind (mit losen Körnern, siehe „Läppen").

---

[1] Die Zahlen in eckiger Klammer verweisen auf das Schrifttum Seite 63.

[2] An dieser Gemeinschaftsarbeit sind hauptsächlich beteiligt: der Technische Ausschuß des Vereins Deutscher Schleifmittelwerke e. V., der Deutsche Schleifscheibenausschuß und der Ausschuß „Schleifen" beim AWF (Ausschuß für wirtschaftliche Fertigun `

Feinschleifen (Feinschliff): Schleifen zur Erzielung handelsüblicher Form- und Maßgenauigkeit bei einer Oberflächengüte unter 2,5 μ [1] bis 0,6 μ Rauhtiefe [2].

Feinstschleifen (Feinstschliff): Schleifen zur Erzielung sehr hoher Form- und Maßgenauigkeit bei einer Oberflächengüte unter 0,6 μ bis 0,1 μ Rauhtiefe.

Feinziehschleifen (Feinhonen): Schleifen zur Erzielung einer hohen Oberflächengüte mit Schleifwerkzeugen, deren Schleifkörper auf der Oberfläche des umlaufenden Werkstückes eine kurzhubige rasche Längsbewegung ausführen, für Oberflächengüten unter 0,4 μ bis 0,16 μ Rauhtiefe.

Feinstziehschleifen (Superfinishing): Schleifen zur Erzielung einer sehr hohen Oberflächengüte mit Schleifwerkzeugen, deren Schleifkörper auf der Oberfläche des umlaufenden Werkstückes eine kurzhubige rasche Längsbewegung ausführen. Für Oberflächengüte unter 0,16 μ bis 0,04 μ Rauhtiefe.

Honen (Ziehscheifen): Feinschleifen mit feinkörnigen, flachen, in einem Halter sitzenden, umlaufenden Schleifkörpern quadratischen oder rechteckigen Querschnittes, die unter bestimmtem Anpreßdruck längs des vorbearbeiteten Werkstückes hin- und herbewegt werden. Oberflächengüte unter 1 μ bis 0,4 μ Rauhtiefe.

Schwingschleifen: Schleifen mit feinkörnigen, in einem Halter sitzenden Schleifkörpern, die unter bestimmtem Anpreßdruck längs des vorgearbeiteten sich drehenden Werkstückes rasch hin- und herbewegt werden.

Läppen: Spanabhebende Bearbeitung mit losen feinen und feinsten Schleifmitteln, die auf das Werkzeug (Schleifmittelträger) aufgebracht werden, um sehr hohe Genauigkeit und Oberflächengüte (mittel: unter 1 μ bis 0,4 μ, fein: unter 0,4 μ bis 0,16 μ, feinst: unter 0,16 μ Rauhtiefe) und enge Maßtoleranzen am Werkstück zu erzielen, wobei Werkstück und Werkzeug im allgemeinen ohne zwangsläufige Führung (bei Gewinden angleichende Führung) bei ständigem Richtungswechsel aufeinander gleiten.

Polieren: Arbeitsverfahren, um Hochglanzflächen zu erzielen. Fortsetzung des „Schleifens" hinsichtlich Glätte und Glanz der Arbeitsflächen. Vorwiegend mit Filz-, Leder- und Schwabbel-Scheiben ausgeführt, die mit Poliermitteln beleimt oder bestrichen sind.

Pließten: Blankschleifen auf Pließtscheiben, d. h. mit Leder-, Filz- oder enggesteppten Tuchscheiben, auf denen das lose Schleifmittel aufgeklebt ist. Auf das Pließten folgt das Polieren mit Polierscheiben.

Scheuern: Arbeitsvorgang in der Scheuertrommel, wobei das Scheuergut unter Zugabe von geeigneten Schleif- und Glättemitteln aneinander scheuert.

Schwabbeln: Polierbearbeitung von Werkstücken mit sogenannten Schwabbelscheiben, d. h. losen, vielschichtigen Gewebestoffscheiben unter Verwendung von Schwabbelpaste.

1.2 Systematische Aufgliederung der Schleiftechnik. Will man eine systematische Übersicht über das vielgestaltige Gebiet der Schleiftechnik gewinnen, so kann man in Anlehnung an die schon erwähnte Veröffentlichung [1] folgende 4 Gesichtspunkte zugrunde legen:

1. die Zweckgestaltung der Werkstücke: Rundschliff (außen, innen), Flachschliff, Trennschliff.

2. die Art der Werkstücke: Werkzeugschleifen (Herstellung und Instandhaltung), Gratbeseitigung an Gußstücken, Formschleifen und Genauschleifen an Paßteilen von Maschinen.

3. die Sondergestaltung der Schleifwerkzeuge: Sonderschleifverfahren, z. B. Gewindeschleifen (Formschleifen mit profilierten Schleifscheiben, Erzielung der Form durch besondere Führung der unveränderten Schleifscheibe, z. B. Nachformschleifen), Ziehschleifen, Bandschleifen, Tauschschleifen.

4. die Führung der Schleifwerkzeuge oder der Werkstücke von Hand oder durch die Maschine: Freihandschleifen (Handschliff, Grobschleifen, Putzen), Schleifen mit Schleifstiften, mit handbewegten Schleifkörpern, mit Schleifwerkzeugen aus Gewebe oder Papier.

Für die Werkstatt ist in jedem Einzelfall die Auswahl des „Schleifkörpers" (Art und Form der Schleifscheibe) besonders wichtig. Deshalb geht das vorliegende Buch von den Schleifrohstoffen aus und behandelt vorzugsweise die für den Maschinenbau wichtigen Schleifkörper, Schleifverfahren und auch Schleifmaschinen. Dabei muß man für die Auswahl

---

[1] 1 μ (griech. mü) = 0,001 mm.

[2] Die Rauhtiefe (vgl. Abschn. 7.1, Seite 25) ist als Maß für die Oberflächengüte gesetzt. Hierbei ist *Oberflächengüte:* Beschaffenheit der Werkstückoberfläche, nach einem bestimmten Wertsystem, d. h. nach Gütevorschriften geordnet. Die Forderung der Güte einer Oberfläche deckt sich meist mit der Forderung einer bestimmten Glätte oder deren Kehrwert, er Rauhigkeit (nach DIN 4762).

und Beurteilung der Schleifkörper, abgesehen von ihrer Form und Größe, folgende 5 Angaben berücksichtigen:

1. Art des Schleifmittels, Beschaffenheit und Eigenschaften des Schleifkornes.
2. Korngröße des Schleifkornes.
3. Art der Bindung der Schleifkörner zum Schleifkörper.
4. Härte des Schleifkörpers, als Festigkeit der Bindung.
5. Gefüge des Schleifkörpers, als Dichtigkeit oder Porosität der Bindung bzw. Mengenverhältnis Schleifmittel zu Bindemittel.

2. Die Schleif- und Polierrohstoffe, ihre Kennzeichnung und Prüfung.

Entsprechend den Forderungen an die auszuführenden Schleif- und Polierarbeiten wählt man die Rohstoffe und deren Verarbeitung zu Schleifscheiben, die Schleif- und Poliermittel [2]. Man unterscheidet natürliche und künstliche Schleifrohstoffe.

2.1 Natürliche Schleifmittel sind in ihrer Urform als Rohstoffe die ältesten Schleif- und Polierstoffe überhaupt. Natürliche Schleifrohstoffe sind:

2.11 Bimsstein: aus verschiedenen Silikaten bestehendes Gestein. Es ist ein blasiger und poriger vulkanischer Glasfluß (55—75% SiO_2), aus erkaltetem Lavastrom.

2.12 Quarz: SiO_2, das in Form farbloser oder durch Metalloxyde gefärbter Kristalle oder dichter feinkristalliner Massen vorkommt. Gemeiner Quarz ist ein weit verbreitetes hartes, sprödes Mineral und Bestandteil vieler Sandsteine sowie der Sand- und Kieslager. Eine Abart ist Feuerstein oder Flint (Farbe grau, ziemlich spröde), für Hand- und Maschinenschliff von Holz jeder Art.

2.13 Granat: natürliches Silikat; aus der Gruppe der in ihren physikalischen und kristallinen Eigenschaften ähnlichen Mineralien eignen sich nur Eisentongranat oder Almandin als Schleifrohstoffe, in erster Linie für den Maschinenschliff von Holz, besonders Hartholz und Edelfurnieren. Farbe rötlichgelbbraun.

2.14 Schmirgel: Gemenge von Korund und Magneteisenstein mit Hämatit, Quarz und verschiedenen Silikaten. Hauptgewinnung auf der griechischen Insel Naxos. Etwa $^2/_3$ des Gemenges besteht aus Korund. Farbe dunkelgrau bis schwarz.

2.15 Korund: Al_2O_3, das in 3 Reinheitsgraden vorkommt und verwendet wird: edler Korund (vollkommen durchsichtige, meist farbige Kristalle); gemeiner Korund (trübe und unrein); Schmirgel (s. 2.14).

2.16 Diamant: kristallisierter Kohlenstoff. Als Schleifmittel werden sog. Industriediamanten und Diamantstaub verwendet, eingebettet in die Oberfläche eines Schleifkörpers.

2.2 Künstliche Schleifmittel.

2.21 Aluminiumoxyd (Al_2O_3) oder **Elektrokorund** wird aus Bauxit, einem fast reinen, aber nicht kristallisierten Tonerde-Mineral ($Al_2O_3 \cdot 2H_2O$) hergestellt. Bauxit wird zerkleinert, in umlaufenden Trommeln bei 1200 bis 1300° C zu Klinkern gesintert, mehrmals gemahlen und mit Reduktionskoks vermengt im elektrischen Lichtbogenofen unter Verwendung großer nachstellbarer Elektroden bei rund 2000°C geschmolzen. (Erfinder ist MOYAT im Jahre 1894). Elektro- oder Kunstkorund ist chemisch zusammengesetzt aus $Al_2O_3 + Fe_2O_3 + SiO_2 + TiO_2$.

Beim Verfahren der Blockschmelze erhält man grobkristallinischen Korund; die Korundstücke werden zerkleinert, gemahlen und über Magnetscheider geleitet zum Abscheiden eisenhaltiger Kristalle. Beim Abstichverfahren ist der Schmelzofen dauernd im Betrieb, die flüssige Masse wird beim Ausfließen schnell abgekühlt und ergibt feinkristallinischen Korund.

Al_2O_3 kristallisiert rhomboedrisch, hat spez. Gewicht 3,75 bis 4 kg/dm³ und ist härter als Naturkorund. Das als Elektrokorund bezeichnete Erzeugnis ist glänzend braun bis dunkelgrau und enthält 94 bis 97 % Al_2O_3, ist sehr hart bei einer gewissen Zähigkeit, geeignet zum Schleifen von zähharten Werkstoffen wie ungehärtetem, weichem Stahl, Stahlguß, Temperguß usw.

Wird der Bauxit vor dem Schmelzen sorgfältig gereinigt, so erhält man Elektrokorund mit 99 bis 99,5 % Al_2O_3, genannt *Edelkorund.* Er ist glänzend, farblos, durchscheinend bis hellrosa oder hellviolett, härter, als der vorige, aber auch spröder, daher zum Schruppschleifen nicht geeignet; er dient zum Feinschleifen von Werkstücken größter Genauigkeit, zumal von legierten Stählen.

Es gibt auch Elektrokorund mit 85 bis 90 % Al_2O_3, von schwarzglänzender Farbe, der an

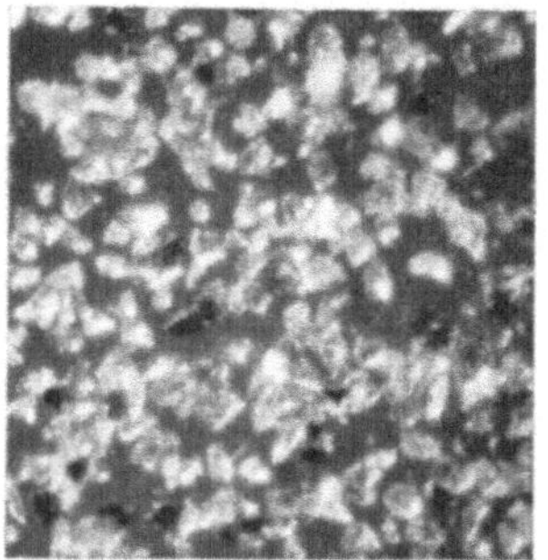

Abb. 1. Schmirgel, runde Körnung.

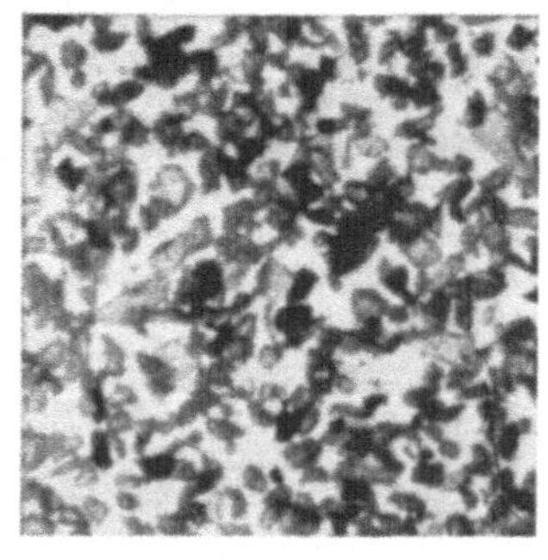

Abb. 2. Elektrokorund, scharfkantigere Körnung.

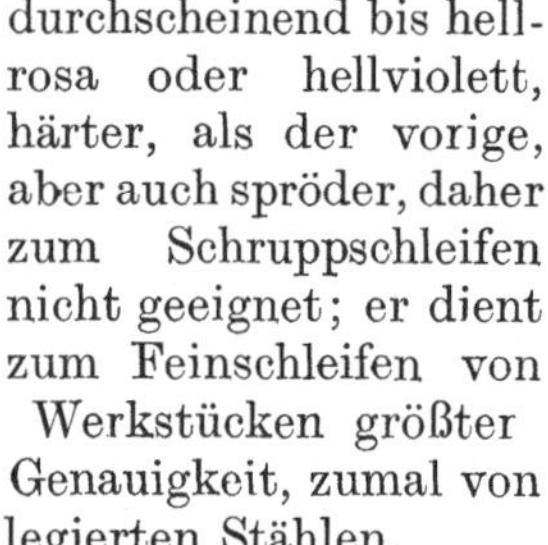

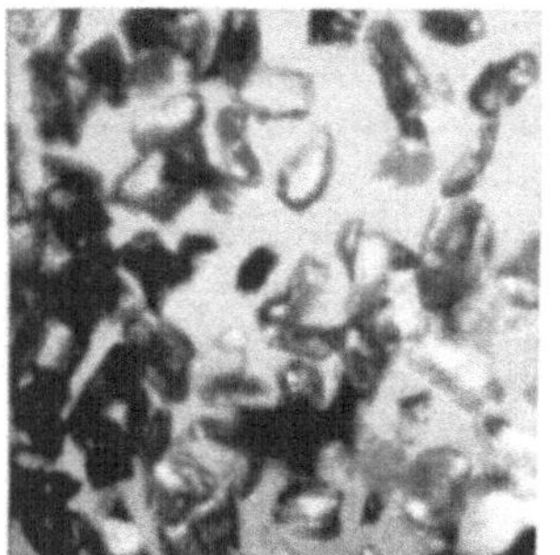

Abb. 3. Siliziumkarbid, besonders scharfkantige Körnung.

Stelle natürlichen Schmirgels verwendet wird, aber nicht für Schleifscheiben zur Metallbearbeitung geeignet ist. Handelsmarken von künstlichem Alumiumoxyd: Alundum, Abrasit, Elektrit, Elektrorubin u. a.

2.22 Siliziumkarbid (SiC) wird hauptsächlich aus Koks und Quarzsand in elektrischen Widerstandsöfen (Blocköfen) bei 2300° C hergestellt. Bildung des Karbids entsprechend der Formel $SiO_2 + 2 C = Si + 2 CO$; $3 Si + 2 CO = SiO_2 + 2 SiC$. Dabei entweicht CO. (Erfinder ist ACHESON im Jahre 1891).

Siliziumkarbid bildet farblose, durchsichtige, rhomboedrische Kristalle, die infolge von Verunreinigungen der Rohstoffe schwarz (amerikanisches Erzeugnis) oder grün (deutsches und norwegisches Erzeugnis) oder blau gefärbt sind. Seine Härte ist größer als die von Korund, sein spez. Gew. ist 3,2 kg/dm³. SiC leitet die Wärme gut ab.

Wegen seiner Sprödigkeit ist es für zähharte Werkstoffe nicht geeignet, dagegen für spröde Werkstoffe beliebiger Härte gut brauchbar, z. B. Grauguß, Hartmetall, Glas, natürliches und künstliches Gestein, Porzellan usw. SiC wird auch zum Schleifen von Aluminium und seinen Legierungen empfohlen.

Handelsmarken von Siliziumkarbid: Carborundum (Karborundum), Carbo-Diamantin, Carborite, Carbosilit, Crystolon u. a.

Die Unterschiede der *Kristallformen* erkennt man in den stark vergrößerten Aufnahmen Abb. 1 bis 3. Der Schmirgel ist rundlicher, Elektrokorund und besonders Siliziumkarbid sind scharfkantiger.

2.23 Borkarbid (B_4C) ist eine im elektrischen Ofen bei über 2500° C hergestellte Verbindung von Bor und Kohlenstoff (Amerikanisches Patent Nr. 1897,214). Die kleinen glänzenden Kristalle sind härter als Siliziumkarbid, erreichen aber doch nicht die Diamanthärte (erste technisch brauchbare Erschmelzung durch RIDGWAY etwa 1930). Borkarbid wird wegen seines hohen Herstellungspreises für allgemeine Schleifzwecke nur wenig verwendet.

2.24 Glas: amorph, d. h. ohne Kristallisation erstarrte Schmelze aus Metalloxyden mit Siliziumdioxyd (SiO_2) als Hauptbestandteil. Je nach Wahl der Metalloxyde erhält man härtere oder weichere Gläser, die in Pulverform lose oder in Verbindung mit einem geeigneten Träger (z. B. Glaspapier) als Schleifmittel dienen.

2.3 Poliermittel.

2.31 Kreide: Calciumkarbonat ($CaCO_3$) in Pulverform, dient in Verbindung mit Flüssigkeiten als Poliermittel.

2.32 Wiener Kalk: besonders reines Produkt des zu Kalk (CaO) gebrannten Kalksteines ($CaCO_3$), dient dem gleichen Zweck wie Kreide.

2.33 Tripel: Polierschiefer, vom Tripelberg in Böhmen.

2.34 Berylliumoxyd: ein weißes, amorphes unschmelzbares Pulver ist eine Sauerstoffverbindung des Leichtmetalls Beryllium hoher Härte. Nach einem Patent der Firma Siemens & Halske DRP Nr. 589 374 ist es Hauptbestandteil eines Schleifmittels, das bei 1900 bis 2000° C gesintert wird.

2.4 Kennzeichnung und Prüfung der Schleifrohstoffe. Als Schleifmittel bezeichnet man natürliche und künstliche körnige Stoffe, die härter sind als die zu schleifenden Stoffe. Man beurteilt und prüft die Schleifrohstoffe nach ihrem chemischen und physikalischen Aufbau, und zwar analytisch, mikroskopisch sowie auf Härte und Sprödigkeit.

Tabelle 1. *Die wichtigsten Schleif- und Poliermittel, nach ihrer Härte geordnet.*

Schleif- und Poliermittel	Härte nach MOHS	Verwendung
1. natürliche Schleifmittel:		
Bimsstein	5—6	Holz-, Metall- und Hutindustrie
Quarz	7	Holz-, Metall-, Glas- u. Steinbearbeitung, Sandgebläse, Scheuerseifen
Granat	7	Schleifpapierbelag, Holz- und Lederbearbeitung
Schmirgel	8	Schmirgel-Scheiben, -Papier u. Leinen, Poliermittel
Korund	9	Schleifen von weicherem Stahl
Diamant	10	Schleifen von Hartmetall, Glas, Abrichten von Schleifscheiben
2. künstliche Schleifmittel:		
Aluminiumoxyd	8—9	Schleifkörper für gehärteten Stahl u. andere Metalle (s. Abschn. 2.2)
Siliziumkarbid	> 9 (9,5)	
Borkarbid	> 9 (9,6)	Feinschleifen und Läppen, Hartmetall- und Diamantschleifen
Glas	4—6	Glaspapier
3. Poliermittel:		
Kreide		für Metalle, besonders als Putzmittel
Wiener Kalk		für Stahl, Messing, Silber, Neusilber
Tripel		für Metall und Stein (nur noch wenig benutzt)
Berylliumoxyd	9,5	für höchsten Metallglanz
Chromoxyd (Poliergrün)		
Zinkoxyd		
Zinnoxyd		
Eisenoxyd (Polierrot)	5—6	
Stahlwolle		siehe Abschnitt 3.5, S. 9

Zur Beurteilung der Härte ist noch die Härtereihe nach MOHS gebräuchlich. Darin sind die Härtegrade nach der Ritzbarkeit des weicheren durch den härteren Stoff festgelegt, wobei 10 als höchste Härte gilt. Diese Härtereihe gibt somit nur eine Rangordnung an (Tabelle 1). In Wirklichkeit verhält sich die Härte z. B. von Schmirgel zu Korund wie 1:5, oder von Korund zu Diamant wie 1:140 (nach ROSIWAL). Neben dieser nach dem Ritzverfahren arbeitenden Härteprüfung ist außerdem noch die Abnutzungsprüfung erforderlich, deren Ergebnis von Zeitdauer und Reibungsbedingungen abhängt. Günstige Schneidbedingungen werden bei splitternden spröden Schleifmitteln erreicht.

3. Das Schleifen und Polieren mit losem und auf Kornträger geklebtem Schleifkorn.

3.1 Das Blas- oder Strahlverfahren arbeitet mit losem Schleifkorn, das in einem Preßluftstrom mitgerissen und durch Düsen gegen das Werkstück geschleudert wird. Das Schleifkorn ist hierbei gröber bis mittelfein und besteht meist aus Quarzsand, Glassand oder Bims. Für besonders schwere Arbeiten eignet sich Stahlsand; er bietet auch den Vorteil, daß er staubfrei und länger haltbar ist. Stahlsand, auch Stahlkies, oder besser Stahlkorn genannt, wird aus gehärtetem, legiertem Stahl bzw. Stahldrähten hergestellt. Er ist in runder oder kantiger Form und in verschiedenen Körnungen lieferbar. Stahlsand dient hauptsächlich zum Putzen, Entzundern und Mattieren. Da sich das Stahlkorn durch den Gebrauch zerkleinert, muß neuer Stahlsand laufend nachgefüllt werden. Stahlsand wird kugelig und kantig geliefert (Tabelle 2). Die gestrahlten Metalloberflächen sind matt.

Tabelle 2. *Körnungen von Stahlsand.*

Bisherige Nr.	Neu-bezeichnung Gewebe-Nr. 27	Draht-stärke mm	Maschen-weite mm
0	7	0,95	2,91
0	8	0,8	2,575
1	9	0,65	2,35
2	11	0,6	1,87
3	13	0,55	1,51
4	16	0,5	1,19
5	24	0,34	0,79
6	34	0,27	0,53
7	55	0,19	0,30
8	70	0,16	0,226
9	90	1,12	0,38

3.2 Scheuerverfahren. Das feine Schleifmittel (Sand und Stahlsand) wird als Korn meist naß, auch mit Öl, durch Hand- oder Maschinenbürsten, Kissen aus Filz, Tuch, Leder u. a. zum Scheuern auf das Werkstück aufgetragen. Massenteile werden mit den gleichen Mitteln in schwenkbaren Glocken oder achteckigen waagerecht liegenden Trommeln bei mäßigen Drehzahlen mehrere Stunden, oft auch Tage geschleudert. Dieses auch als *Trommelschleifen* [3] bekannte Verfahren eignet sich für Massenteile aller Art von einigen Gramm bis etwa 30 kg und ersetzt das Entgraten, Feilen, Schaben, Schmirgeln, Schleifen und Polieren. Abb. 4 zeigt schematisch den Trommelschleifvorgang.

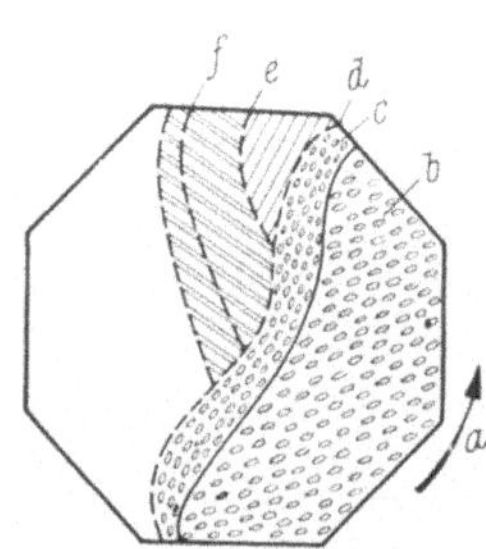

Abb. 4. Schematische Darstellung des Trommelschleifvorgangs in einer 760 mm Trommel.

a Drehsinn der Trommel und des Gemisches; *b* Trommelfüllung (Werkstücke und Schleifkörper); *c* Gleitschicht, in der das Trommelschleifen vor sich geht; *d* Kippunkt bei $n = 20$ U/min; *e* Kippunkt bei $n = 30$ U/min; *f* Kippunkt bei $n = 40$ U/min.

3.3 Das Aufreibverfahren arbeitet mit losem Korn, das mit Wasser oder schlüpfrigen Mitteln auf nachgiebigen bis steifharten Übertragern von Hand oder mit maschineller Bewegung reibend aufgebracht wird. Dieses Verfahren läßt das Arbeiten auf verschiedene Arten zu, so daß man alle Oberflächengüten, vom Grobschliff bis Feinstschliff und Glanz erzielen kann. Es entspricht etwa dem Läppen und eignet sich auch für Ausbesserungen an schadhaften Stellen.

Neben dem eigentlichen Aufreibverfahren, bei dem meist noch abwechselnd loses Korn gestreut und Netzmittel zugegeben wird, arbeitet man zum weicheren Schleifen und Polieren bei kleineren Einzelstücken mit vorbereiteten Schleifteigen aus scharfem Korn (Schmirgel) oder weicherem Pulver (meist Tripel), die von Sonderfirmen hergestellt werden, unter schwacher Benetzung mit Stearinöl. Hierbei werden die Werkstücke an umlaufende Filz-, Leder- oder Holzscheiben gehalten unter Zuführung des Schleifteiges, der in einer Sammelwanne wieder aufgefangen wird. Edelmetallstäube können dabei gefiltert werden.

Fettere oder weichere Teige streicht man auf steife umlaufende Bürsten (Fiber u. a.) oder weichere Scheiben. Auch verdeckte, tiefere Stellen der Werkstücke werden auf diese Art erfaßt, z. B. bei Ketten, Dosen und kleineren Behältern.

Härtere und trockenere, bei gewöhnlicher Temperatur nicht mehr fettende Pasten aus feinsten Pulvern verwendet man besonders an schnell umlaufenden Schwabbelscheiben aus verschieden hartem Tuch, Leinen und Papier. Die Pasten hält man nur zu Beginn mehrfach an die mit einer Messerschneide oder Bimsstein aufgerauhte Scheibe. Politurglanz erhält man dann nach dem Abwaschen des Werkstückes noch durch Weißmullen am trockenen, reinen Bauschschwabbel. Nach diesem Verfahren werden feinere Metall- und Schmuckwaren behandelt, die nur zur Verschönerung leicht überschliffen werden.

3.4 Einzelkörner oder in Kitt oder Metall gefaßte Schneidkristalle sowie in bestimmter Ordnung in Kupfer eingehämmerte harte Körner werden zum Gravieren, Ziselieren, Bohren oder Ritzen verwendet.

3.5 Schleifpapiere, -leinen und -tuche mit aufgeklebtem Schleifkorn [4] finden als bequeme Glätt- und Putzmittel vielseitige Verwendung und sind abgestuft von den gröbsten bis zu den feinsten Körnungen. Oft werden sie auch auf geeignete maschinell bewegte Vorrichtungen geklebt (meist mit Wasserglas), wie z. B. bei der Metallographie zur Schliffvorbereitung.

Weichere Metalle, wie Buntmetallguß und Aluminiumlegierungen, glättet man *anstelle mit Schleiftuch auch mit Stahlwolle*, die in 8 verschiedenen Feinheitsgraden strangweise paketiert erhältlich ist. Sie wirken als dichte, feine und scharfe Schaber politurartig glättend und müssen in Strängen von mindestens 1 cm Dicke gleichgerichtet zusammengelegt werden. Stahlwolle ist vor Feuchtigkeit zu schützen oder in rostschützenden Lösungen zu halten.

Schleifpapier und -tuche sowie damit überzogene Werkzeuge dienen auch zur maschinellen Bearbeitung, z. B. bei Bandschleif- und Tellerschleifmaschinen.

Auch mit dickeren Kornschichten beleimte Scheiben, Walzen und profilierte Körper aus Filz (Maße nach DIN 2251 und 2252), Leder, Holz oder Kunststoff, in Kombination überzogen oder dicht bestückt mit dem nachgiebigeren Material werden noch zum Vor- und Feinschleifen von Metallen verwendet.

4. Schleifkörper aus Natursteinen.

Naturgesteine, wie Sandstein, Bimsstein und verschiedene Schieferarten von mehliger bis feinkörniger und kristalliner Beschaffenheit, werden auch zu gebrauchsfertigen Schleifwerkzeugen geformt.

4.1 Sandstein dient als Schleifstein vorwiegend zum Schärfen stumpfer Schneiden und seltener zur Formgebung. Er wird in Kleinwerkstätten, in der Landwirtschaft und als häusliches Behelfsmittel mit meist primitiverem Antrieb verwendet. In der Feilenhauerei und Messerschärferei arbeiten Steine bis 4 m Durchmesser, die bei geringer Drehzahl noch hohe Umfangsgeschwindigkeiten und außerdem an d⸍

Schlifffläche nur geringe Krümmung haben. Meist wird mit Wasserkühlung gearbeitet, wobei oft die untere Scheibenhälfte in ein Wasserbecken taucht; hierdurch kann sich jedoch die Scheibenfestigkeit auf die Hälfte verringern, auch verlagert sich bei Stillstand der Schwerpunkt des Steines. Naßschleifen macht den rauhen Griff weicher und mindert die Bildung des schädlichen Sandstaubes.

4.2 Bimsstein wird hauptsächlich in Stückform als Schleifrutscher zum Schlichten von Holz, Leder, Lack und anderen weichen, nichtmetallischen Stoffen verwendet.

4.3 Schiefer eignen sich als Wetz- und Abziehsteine sowie zum Feinschleifen von Metallwerkzeugen. Die *weicheren* Schiefer wirken als sog. Wassersteine mit wässerigem Aufreibschlamm durch ihren Quarzgehalt feinglättend und polierend; sie eignen sich zum Abziehen von Rasierklingen, Hobelmessern u. a. scharfen Schneiden. Die *härteren* Schiefer, die sog. *Ölsteine*, finden mit Ölaufstrich Verwendung zum Glätten und Schärfen feinster Instrumente und zum Nachbearbeiten der Schneiden an Werkzeugen, um höhere Schneidgüte zu erzielen (Abziehen oder Wetzen). Am härtesten ist das Hart-Arcansas (eine Art Chalcedon, ein feinst kristallisiertes reines SiO_2, Mohshärte 7); griffiger ist Weich-Arcansas, und noch gröber und lockerer ist der Washitastein. Etwas weicher, aber gut angreifend sind die mischkristallinen europäischen Ölsteine, z. B. der graubraune Levantiner (aus Dolomit mit Mohshärte 3···5, durchdrungen von SiO_2 mit Mohshärte 7), der gelbe belgische und der blaugrüne sächsische Ölstein.

4.4 Zerkleinerte Natursteine werden wohl auch mit mineralischer Bindung (vgl. Abschn. 6.1) zu Hon- und Läppsteinen geformt, um die Mängel naturbedingter Ungleichheit auszuschalten. Der vor über 100 Jahren aus verwittertem geschlämmtem Bietigheimer Ton und Quarzsand hergestellte schwäbische Bimsstein ist das erste rein technische Erzeugnis dieser Art. Ton und Quarzsand werden zunächst gebacken, dann gekörnt, gesichtet und darauf, je nach gewünschter Härte, verschieden stark gebrannt. Hierdurch entsteht eine dem Naturstein ähnliche, aber gleichmäßige Art schaumigen Hartglases. Durch Auswahl von vier Körnungen und drei Härtegraden bei beliebiger Form und Abmessung wird ein das Vorbild übertreffendes hochwertiges Schleif- und Poliermittel, insbesondere auch zum Bearbeiten von Aluminium, Zink, Kupfer, Messing, Eisen und Stahl geschaffen. Am gebräuchlichsten im Inland ist die Handform von $130 \times 70 \times 60$ mm. Auch Scheiben und Walzen aus Kunstbimsstein werden naß wie trocken benutzt, da der spitzscharfe Griff in Verbindung mit der hohen Porosität ein freies und kühles Schneiden sichert.

5. Die Korngröße des Schleifmittels.

Die Größe des Schleifkornes wurde zuerst in USA zahlenmäßig festgelegt. Als Korngröße gilt danach die Anzahl der Maschen auf einen Zoll Länge eines Siebes, welches das Korn noch durchläßt. Hierbei soll die Drahtdicke der Siebe etwa $^1/_3$ der Lochweite sein. Die Abstufung geht nach den als Sieb-Nr. bezeichneten Zahlen von 8 bis 1000. In roher Annäherung ist der größte Korndurchmesser in mm etwa 20/Korngrößenzahl. Die üblichen Korngrößen von 8 bis 200 liegen danach etwa zwischen 2,5 bis 0,1 mm Durchmesser.

Feinstes Korn für Polierzwecke wird außer nach der Sieb-Nr. (Maschenzahl) mit einem bis mehreren F angegeben. Die staubfeinsten Pulver bezeichnet man auch als sog. „Minutenpulver", entsprechend der Minutenzahl, die ihre Aufschlämmung in Wasser benötigt, um sich aus bestimmter Schlämmhöhe abzusetzen (im Höchstfalle bis 60).

Der Deutschen Normung liegt als Korngröße die Anzahl der Maschen auf 1 cm² Siebfläche zugrunde. Hierbei verhält sich die lichte Maschenweite zur Drahtdicke wie 3 zu 2. Die Abmessungen des Drahtgewebes für Prüfsiebe sind nach DIN 1171 [1] genormt.

Tabelle 3 zeigt, daß die deutschen und amerikanischen Siebnummern nur bei den groben Körnungen einigermaßen übereinstimmen, daß aber bei den feineren Sieben die amerikanischen Maschenweiten viel schneller abnehmen als die deutschen.

Tabelle 3. *Vergleich der amerikanischen und der deutschen Siebnummern.*

Kennzeichnung	USA-Norm	Deutsche Norm
lichte Fläche in % der Gesamtfläche	56%	36%
Lochweite/Maschenteilung	3/4	3/5
freie Maschenweite W (bei Sieb-Nr. A)	$\dfrac{25}{A}\cdot\dfrac{3}{4}=\dfrac{18,75}{A}$ mm	$\dfrac{10}{\sqrt{A}}\cdot\dfrac{3}{5}=\dfrac{6}{\sqrt{A}}$ mm

Körnung nach Din 69 180	Sieb-Nr. A	freie Maschenweite W mm	freie Maschenweite W mm
sehr grob	8 bis 10	2,34 1,87	2,12 1,90
grob	12 bis 24	1,56 0,78	1,73 1,23
mittel	30 bis 60	0,63 0,31	1,10 0,78
fein	70 bis 120	0,27 0,16	0,72 0,55
sehr fein	150 bis 240	0,13 0,08	0,49 0,39
staubfein	280 bis 1000	0,07 0,02	0,36 0,19

Die Abbildungen 5 bis 10 zeigen Aufnahmen verschiedener Körnungen [2]. Nur bei der sehr groben Körnung liegt eine ungefähre Gleichheit zwischen Maschenweite und Korngröße beider Systeme vor. Die Deutsche Normung ist feiner abgestuft. Der USA-Körnung 46 (mittel) z. B. entspricht die deutsche Körnung 220 (sehr fein). *Zur Zeit werden, wenn nichts Anderes vermerkt, in der Industrie die Körnungen nach USA-Stufung angegeben.*

In der Praxis wird die Nr. der Körnung dann festgelegt, wenn mindestens 75% der betreffenden Korngröße das entsprechende Sieb passieren und dabei höchstens 3% durch die nächst engere Stufe fallen, während insgesamt höchstens 5% auf dem

---

[1] Der Verfasser war bemüht, in diesem Buch weitgehend auf die Normen hinzuweisen. Wo angängig, wurden auch Angaben aus Normen unter Beifügung der DIN-Nr. wiedergegeben. Dazu sei bemerkt: Maßgebend ist jeweils die neueste Ausgabe des betr. Normblattes, die beim Beuth-Vertrieb, Berlin W 15 oder Köln, zu beziehen ist.

[2] Nach Katalog Schleifwerkzeuge, Dr. Sievers & Co. KG., Mehlem/Rhein.

nächst weiteren Sieb zurückbleiben dürfen. Die sog. Nennkörnung einer Schleifscheibe jedoch begnügt sich mit 50% Durchsiebung, dabei dürfen je 25% der nächst
größeren und nächst kleineren Körnung angehören. Bei größeren Schleifkörpern
werden den durchgesiebten gleichmäßigen Körnungen meist noch eine oder mehrere
kleinere Körnungen beigemischt, um die Lücken mit feinerem Korn auszufüllen und
einen glatten Schliff zu erhalten.

Abb. 5. Korngröße sehr grob   Abb. 6. Korngröße grob Nr. 16.   Abb. 7. Korngröße mittel Nr. 46.
Nr. 8.

Abb. 8. Korngröße fein Nr. 120.   Abb. 9. Korngröße sehr fein   Abb. 10. Korngröße staubfein
Nr. 240.   Nr. 500.

Diese Kornzusammenstellungen sind bedingt durch die verschiedene Gestalt
des Schleifkornes, das nie kugelförmig ist, was auch unerwünscht wäre. Am besten
schneidet gesplittertes Korn, das scharfe Kanten besitzt. Die Art der Korngewin-
nung und Zerkleinerung bestimmen seine Eignung als Schleifmittel.

6. Schleifkörper (Schleifscheiben).

Über die Hälfte aller Schleifmittel werden in Form von Schleifscheiben verwendet, deren Aufbau und Arbeitsweise näher behandelt werden soll[1]. Für die
Vielzahl der nach DIN 69 120 genormten Schleifkörper (und Schleifwerkzeuge
DIN 69 123 bis 69 188) gilt die grundsätzliche Feststellung: Für den Schleifvorgang
ist vor allem die durch die Bindung erzielte Härte des Schleifkörpers wesentlich, da
sie die Schnittleistung am meisten beeinflußt.

6.1 Die Bindung. Die Möglichkeit der Selbstschärfung bei Abnutzung der
Schleifscheiben hängt außer von der Festigkeit des Schleifkornes vor allem von der

---

[1] Eine Übersicht der bekannten Schleifmittelhersteller bringt B. KLEINSCHMIDT [5] mit
vergleichbaren Angaben der Härtegrade und Körnungen, die die einzelnen Lieferanten für
die Schleifmittelherstellung verwenden.

Verbindung der einzelnen Schleifkörner innerhalb des Schleifkörpers durch ein Bindemittel — kurz Bindung genannt — ab.

Nach DIN 69 100 [1] unterscheidet man folgende Bindungen:

Keramisch	Ke	Gummi	Gu
Silikat	Si	Öl	Ol
Magnesit	Mg	Naturharz	Nh
Kunstharz	Ba		

6.11 Keramische Bindungen ähneln den Porzellanen, da sie meist aus Tonerde und Quarz bzw. Feldspat geformt und bei Temperaturen von 1200 bis 1400° C gesintert werden. Diese Bindungen sind unempfindlich gegen Wasser und die meisten Chemikalien. Keramisch gebunden werden hauptsächlich Schleifmittel auf Al_2O_3-Basis und Siliziumkarbid. Die keramische Bindung wird am häufigsten verwendet.

Etwa 80% aller Schleifkörper für die Metallbearbeitung bestehen aus keramisch gebundenem Elektrokorund und zwar gewöhnlichem Elektrokorund mit 94 bis 97% Al_2O_3, weißem Edelkorund mit 99 bis 99,5% Al_2O_3 und Halbedelkorund aus je 50% beider.

Bei der Herstellung der Schleifkörper wird die gesiebte Bindemasse angefeuchtet mit Wasser und Klebemittel, wie Wasserglas, Leim u. a., und sorgfältig durchgemischt. Die in Formen gebrachte Masse wird dann je nach Größe und gewünschter Dichte und Härte gestampft oder in Pressen bis zu 200 kg/cm² Druck gepreßt. Korundmischungen werden teilweise auch ohne Klebemittel, dafür aber nasser und mit Zusatz von Gleitmitteln, wie Soda, in Formen gegossen. Dabei bleibt das Gefüge lockerer, da mehr Bindemasse und weniger Korn vorhanden ist. Vor dem Brennen werden die Schleifkörper langsam getrocknet, um Risse zu vermeiden. Auch die Erhitzung, sowie die Abkühlung nach dem Sintern, muß aus dem gleichen Grunde langsam und gleichmäßig erfolgen. Die fertig gesinterten Schleifkörper sind infolge Schwindens um 10 bis 15% kleiner.

6.12 Die Silikatbindung besteht aus Wasserglas und Metalloxyden, die wasserunlösliche Silikate bilden. Die in Formen gepreßte feuchte Mischung mit beliebigem Korn wird langsam ausgetrocknet und dann bei Temperaturen bis etwa 300° C gebacken. Diese Art der Bindung ähnelt dem Sandstein und eignet sich für Naßschleifen.

6.13 Die Magnesitbindung enthält vorwiegend Magnesiumoxyd. Das Abbinden erfolgt in wenigen Tagen bei Raumtemperatur. Die Schleifkörper sind mäßig hart und geben auch beim Trockenschleifen einen sauberen Schliff.

Die beiden als mineralische Bindungen bezeichneten Silikat- und Magnesitbindungen arbeiten weicher als keramische; sie eignen sich daher besonders für Flachschleifen. Erwärmung beim Schleifen jedoch führt zu pulverigem Abrieb. Die einfache Herstellung macht sie geeignet für Schleifscheiben bis 2 m Durchmesser und großer Breite, die man nicht mehr keramisch brennen kann.

6.14 Kunstharzbindungen sind sehr fest, dabei zugleich etwas elastisch. Die gebräuchlichsten Bindungen dieser Art bestehen aus einem Kondensat von Phenol und Formaldehyd, genannt *Bakelit*. Diese Bindungen eignen sich besonders für Trennscheiben, sie sind selbstschärfend und unempfindlich gegen alle Kühlmittel. Ihre Leistung ist hoch, da sie mit sehr hohen Umfangsgeschwindigkeiten bis zu 80 m/s laufen und einen sauberen Schnitt liefern. Bakelitbindungen sind eine wertvolle Ergänzung der keramischen und mineralischen Bindungen.

---

[1] Vgl. Fußnote 1 Seite 11.

6.15 Gummibindungen sind sehr elastisch. Sie können je nach der Vulkanisierung für die verschiedensten Zwecke auch auf hohe Härten gebracht werden. Auch aus diesen Bindungen werden Trennscheiben hoher Drehzahl hergestellt. Alle Gummibindungen eignen sich für Trocken- und Naßschleifen. Stärkere Flächenbelastung führt jedoch zu Erwärmung und Kleben. Öle, Fett und starke Alkalien greifen besonders die schwächer vulkanisierten Gummibindungen an.

6.16 Naturharze, härtende Öle, besonders Leinölfirnis, und Leim werden auch anstatt Gummi für elastische Bindungen benutzt. Sie haben keine besondere Bedeutung, schleifen allerdings sehr sauber.

6.2 Das Gefüge entsteht durch den räumlichen Aufbau der Schleifkörper aus gekörnten bis staubfeinen Schleifmitteln, den Bindestoffen und den Porenräumen. Die Gefüge werden in 10 Stufen von 0 bis 9 eingeteilt und sind in Amerika neuerdings für hochporöse Schleifkörper um die Stufen 10 bis 15 erweitert worden.

DIN 60 100 unterscheidet die Gefüge (Dichtezahlen):

sehr dicht	0 und 1	offen	6 und 7
dicht	2 und 3	sehr offen	8 und 9.
mittel	4 und 5		

Abb. 11 zeigt 3 Schleifscheibengefüge gleicher Körnung mit offenem, dichtem und hochporösem Gefüge. Offenes, großporiges Gefüge begünstigt einen guten Spanabfluß bei geringer Wärmeentwicklung. Man spricht auch von Porosität eines Schleifkörpers. Die Porosität wird errechnet aus dem spezif. Gewicht G (g/cm³) des Schleifstoffes (Korn und Bindung) und dem Raumgewicht R (g/cm³) des fertigen Schleifkörpers:

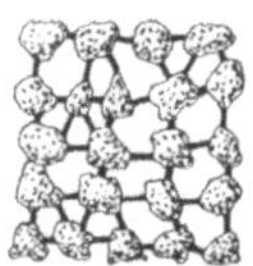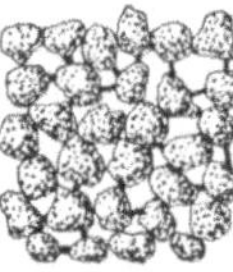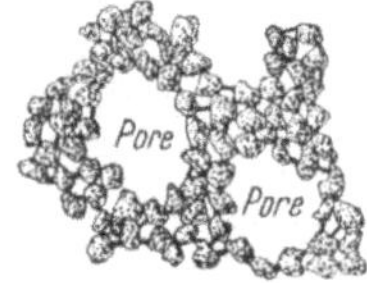

a   b   c

Abb. 11. Schleifscheibengefüge, schematisch.
a offenes Gefüge, *b* dichtes Gefüge, *c* hochporöses Gefüge.

$$\text{Porosität} = \left(1 - \frac{R}{G}\right) 100\ (\%)\,.$$

6.3 Die Härte der Schleifkörper. In der Schleiftechnik versteht man unter Härte [1] die Widerstandsfähigkeit des Schleifkörpers gegen mechanische Kräfte. Die Härte wird vornehmlich bestimmt durch die Festigkeit der Bindung, die Kornfestigkeit, die anteilige Menge der Bindung und die Größe und Dichte der Lagerung der Schleifkörner. Sie wird in 22 Grade von „sehr weich" bis „äußerst hart" eingeteilt und mit den Buchstaben E bis Z bezeichnet.

Nach DIN 69 100 sind die Härtegrade in Übereinstimmung mit den amerikanischen Härtebezeichnungen nach Norton abgestuft in:

sehr weich	E F G	hart	P Qu R S
weich	H I Jot K	sehr hart	T U V W
mittel	L M N O	äußerst hart	X Y Z

Die Härte einer Schleifscheibe nimmt zu mit wachsender Festigkeit und Schichtdicke der Bindung sowie mit kleiner werdendem Porenraum.

Bei einwandfreiem Schleifen muß die Härte der Schleifkörper bzw. Schleifscheibe, d. h. die Festigkeit der Bindung, so beschaffen sein, daß sie die stumpfgewordenen Schleifkörner bei dem erhöhten Widerstand am Werkstück freigibt; dadurch kommen die dahinterliegenden scharfen Körner zum Schnitt. Scharfschleifen der durch das Arbeiten stumpf gewordenen Körner ist nicht möglich. Beim sog. Abrichten der Schleifkörper reißt man stumpfe Körner heraus oder spaltet sie und bringt sie mit den freigelegten zum Eingriff.

Die Schleifscheibe ist das einzige Werkzeug, das sich bis zu einem gewissen Grade selbst schärft.

Eine Schleifscheibe arbeitet *zu hart*, wenn sich das stumpfe Schleifkorn nicht rechtzeitig aus der Bindung herauslöst, wodurch die Scheibe blank und stumpf wird; sie arbeitet *zu weich*, wenn sich das Schleifkorn vorzeitig aus der Bindung löst, so daß die Abnutzung zu groß wird.

Abb. 12 zeigt einen Stahl-Schleifspan, wie er bei einwandfreiem Schleifen aussieht, und Abb. 13 Späne beim Schleifen mit stumpfer, zu harter Schleifscheibe; hierbei bringt der hohe Aufpreßdruck die Stahl-

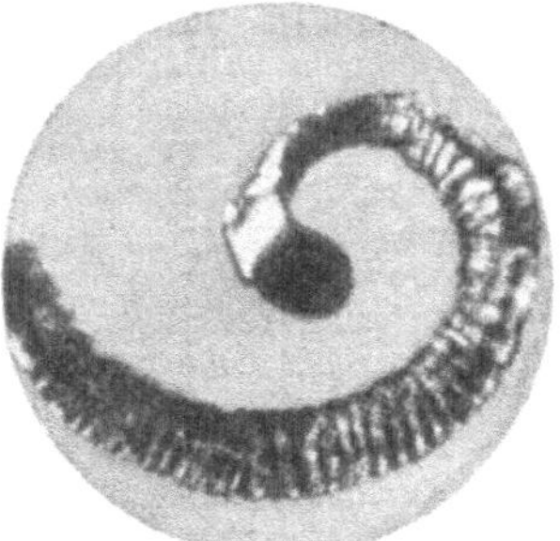

Abb. 12. Einwandfreier Schleifspan (V etwa 250).

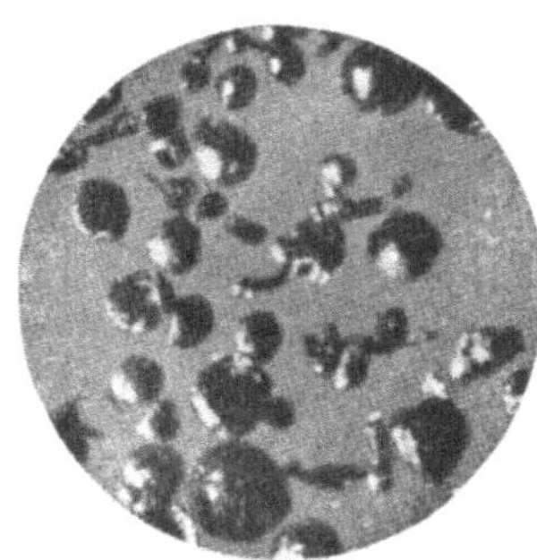

Abb. 13. Verbrannte und geschmolzene Schleifspäne (V etwa 50).

späne durch Schmelzen in Kugelform. Die Anwendung eines Kühlmittels kann diese Erscheinung mildern, jedoch nicht beseitigen [6].

Einwandfreies und wirtschaftliches Schleifen ist gewahrleistet, wenn Schleifscheibe, Werkstoff und Schleifbedingungen aufeinander abgestimmt sind. Für die Schleifscheibe bedeutet dies, rechtzeitig das stumpfe Korn aus der Bindung herauszulösen, um das darunterliegende scharfe Korn in Schnitt zu bringen.

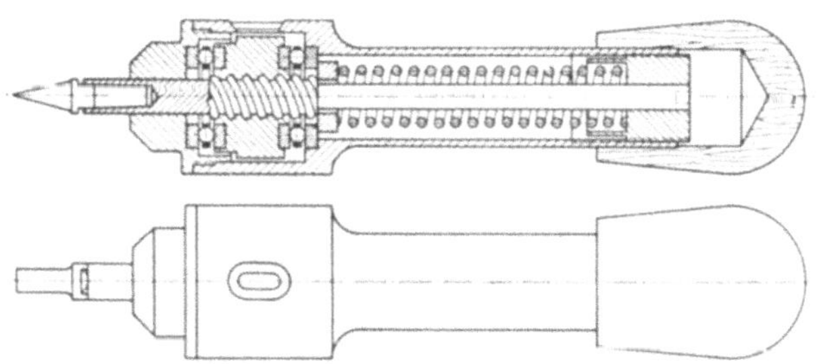

Abb. 14. Härteprüfgerät für Schleifscheiben. (*Diskuswerke A. G.*, Frankfurt/Main-Fechenheim).

Andererseits muß das scharfe, schneidende Korn fest genug sitzen, um den Schneidwiderstand bzw. die Festigkeit des zu schleifenden Werkstoffes zu überwinden. Auch die Bauart, insbesondere die Starrheit der Schleifmaschine beeinflußt den Schleifvorgang wesentlich.

Bestimmung der Härte. Die Härte der Schleifscheibe ist ganz allgemein ihr Widerstand gegen mechanische Kräfte. Es ist schwierig, zu dieser Kennzeichnung bestimmte Größen festzulegen, die die Art des Aufbaues und der Herstellung treffend berücksichtigen. Auch die Sprödigkeit und Elastizität müssen bei der Schleifscheibenprüfung erfaßt werden.

Die Härteprüfung an ruhenden Scheiben kann man behelfsmäßig durchführen mit einem von Hand geführten Schraubenzieher, Meißel oder Prüfstift (Stichel), der bei weichen Schleifscheiben eine Schab- bzw. Ritzspur hinterläßt; die Unterscheidung mittelharter und harter Schleifscheiben untereinander ist schon schwierig. Zum Ritzen harter Schleifscheiben bedarf es bereits größerer Kräfte.

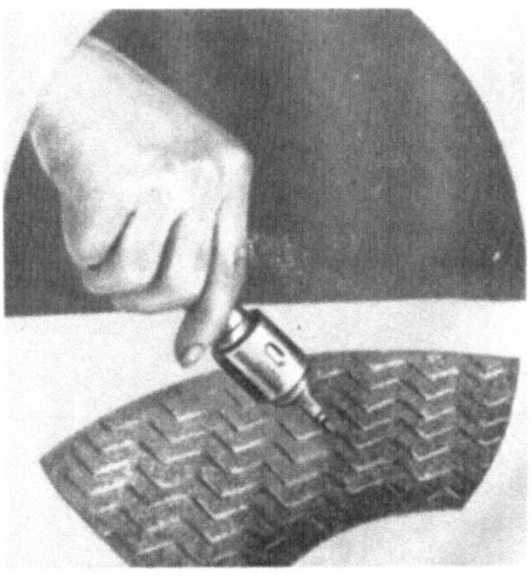

Abb. 15. Anwendung des *Diskus*-Härteprüfers.

Eine Verbesserung des Schabeverfahrens, unabhängig vom persönlichen Gefühl, ist der *Diskus-Härteprüfer* (Abb. 14, 15). Bei diesem Gerät wird das Schabwerkzeug unter einem

Winkel von 60 bis 70° unter Druck an der ruhenden Schleifscheibe angesetzt, und der Druckunterschied in einem Fenster abgelesen.

Das *Gewichtsmeißel-Härte-Prüfgerät* (Abb. 16), auch für härtere Scheiben geeignet, arbeitet mit einem Flachmeißel bestimmter Schneidenform. Der durch Gewichte belastete Meißel wird dabei in einer starren Führung an einem tragbaren Ständer mittels Handhebel gleichmäßig rechts und links bohrend bewegt. Die Eindringtiefe des Meißels in die Schleifscheibe, als Maßstab für die Härte, wird durch eine Meßuhr angezeigt. Die unter gleichen Prüfbedingungen erreichte Eindringtiefe bzw. Härtebestimmung ist jedoch auch von der Korngröße abhängig. Daher sind genaue Härtevergleichsprüfungen nur möglich bei gleicher Körnung, d. h. gleicher Korngröße und Kornart. (S. AWF-Merkheft Nr 201 [7] und Werkstattbuch Heft 67 [8]).

Ein *S-Test-Schleifkörper-Prüfgerät* (Abb. 17) mechanisiert das Anbohrverfahren so, daß vergleichbare genaue Werte der Eindringtiefe des Bohrmessers gemessen werden. Diese sog. S-Test-Werte sind ein Maß für die Härte der Schleifkörper [5].

Das amerikanische *Grade-O-Meter* arbeitet in ähnlicher Weise, jedoch aber zugleich stoßend.

Weiter wurde ein Prüfgerät *Vibrotester* entwickelt (Abb. 18). Es ist mit selbsttätigem Zeitrelais und kleinem Kompressor mit Düse zur Beseitigung des entstehenden Staubes versehen. Zur Prüfung wird ein Meißel in langsame Umdrehung versetzt, während er gleichzeitig senkrecht zur Prüffläche Impulse von 500 Hz ausübt, die durch einen elektrischen Vibrator erzeugt werden. Die mit der Meßuhr gemessene Eindringtiefe in einer bestimmten Zeit, etwa 5 oder 10 s, ist ein Maß für die Härte des Schleifkörpers [9].

Mit den Geräten Abb. 17 und 18 will man die Härte bzw. die Haftfähigkeit eines Bindemittels nicht nur als „statische" Festigkeit, d. h. als Widerstand gegen Herauslösen der Schleifkörner, prüfen, vielmehr feststellen, wie lange die Bindung eines Kornes kleinen wiederholten Beanspruchungen standhält.

Auch der *Fuchs-Posch-Härte-Komparator* (Abb. 19) erzeugt einen „dynamischen" Belastungsfall für die Schleifscheibe. Ein Prüfmeißel aus Stahl wird mit schnellen Schlägen gegen den Schleifkörper bewegt

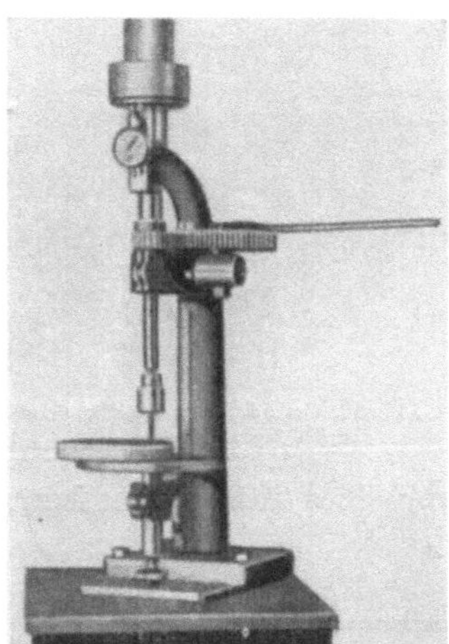

Abb. 16. Gewichtsmeißel-Härteprüfapparat für Schleifscheiben.

Abb. 17. Schleifkörper-Härteprüfgerät „S-Test".

Abb. 18. Prüfeinrichtung „Vibrotester" zur Untersuchung von Schleifkörpern. (*W. Späth*, Lustadt/Pfalz.)

und beim jedesmaligen Auftreffen gedreht. Die Beanspruchung des Schleifkornes ist also eine teils schlagende, teils schürfende, und kommt der wirklichen Beanspruchung auf der Schleifmaschine sehr nahe. Schlagfrequenz, Meißelhubhöhe, Meißeldrehzahl, Wucht des

Auftreffens und Eindringtiefe des Meißels in die Schleifscheibe werden gleich gehalten. Die Zahl der Schläge, die notwendig ist, um die eingestellte Eindringtiefe (im Regelfall 3 mm) zu erreichen, kann an einem Zählwerk abgelesen werden. Sie ist ein Maß für die Zerstörungsarbeit, die aufgewendet werden muß, um das Bezugsvolumen (im Regelfall 27 mm³) zu zersplittern, und hat die Dimension „Arbeit".

Zur Durchführung geeigneter Dauerversuche zwecks Nachahmung der Betriebsbeanspruchung wird von SPÄTH ein Einroll-Prüfverfahren empfohlen, das außer zur Prüfung der Härte auch zur Ermittlung der „Dauerwechselhärte" von Schleifscheiben, vergleichbar der Dauerfestigkeit der Metalle, dienen soll [9]. Dieses *Einrollverfahren* arbeitet mittels einer Rolle, ähnlich einem Abrichter, erfaßt größere Schleifbahnen und kommt damit der betriebsmäßigen Abnutzung durch das Werkstück näher. Die erforderliche Prüf- und Meßeinrichtung scheint jedoch mehr für Sonderzwecke geeignet.

Das *Gebläseverfahren* nach MACKENSEN arbeitet mit einem gegen die zu prüfende Stelle der Schleifscheibe gerichteten Sandstrahl unter einem einstellbaren Druck von 0,4 bis 3 atü. Lochtiefe (1,5 bis 2 mm) und Blaszeit (2 bis 30 s) bei Verwendung eines der Körnung angepaßten Sandes von 0,2 bis 0,9 mm Durchmesser sind ein Maßstab für die Schleifscheibenhärte. Die Gefügeeinflüsse werden jedoch auch hierbei nicht erfaßt. Trotzdem wird das Gebläseverfahren zur Schleifscheiben-Härteprüfung öfter angewandt. Zum Vergleich der Härte nach NORTONskala und der Blastiefe nach MACKENSEN besteht auch eine durch Kurven dargestellte Beziehung für gegossene und gepreßte Schleifscheiben [10].

Die *Ritzhärteverfahren* arbeiten mit einer scharfen Spitze. Man mißt entweder die Ritztiefe bei bestimmtem Druck bzw. Aufschlag oder den zur Erzielung einer bestimmten Ritztiefe erforderlichen Druck bzw. Schlag. Schwierig ist es, Spitzen gleicher Form und Härte anzufertigen und ihre Abnutzung zu berücksichtigen.

Beim *Sklerofix-Gerät* wird eine spitze kegelförmige Nadel mittels Federhammer mit 15 kg Schlagkraft senkrecht durch ein dünnes Blech in die Schleifscheibe getrieben; der Lochdurchmesser des Bleches wird dann als Vergleichsmaß für die Scheibenhärte benutzt.

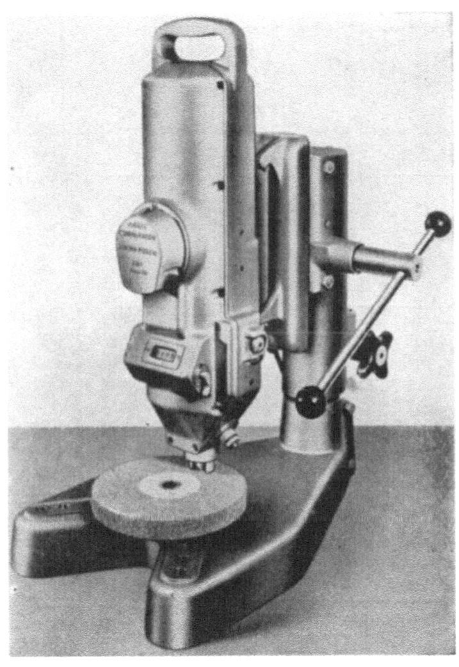

Abb. 19. *Fuchs-Posch*-Härte-Komparator.
(*Peter Fuchs*, Ransbach/Westerwald, und *Hahn & Kolb*, Stuttgart.)

Auch die *Klangprobe* zur Beurteilung zweier gleichbeschaffenen Schleifscheiben auf vollständige Übereinstimmung ihrer Eigenschaften sei erwähnt. Hierbei wird die frei aufgehängte Schleifscheibe mit dem Holzhammer oder dem Heft eines Schraubenziehers leicht angeschlagen. Diese Klangprobe ist jedoch nur bei Schleifscheiben mit keramischer und Silikatbindung möglich. Paarig arbeitende Schleifscheiben, z. B. für die Maag-Zahnflankenschleifmaschine, lassen sich so auf Gleichheit prüfen.

Die Klangprobe wurde in USA weiter entwickelt zu einer von der Carborundum-Co. als *Schallverfahren* bezeichneten Prüfung [11]. Hierbei werden die zu prüfenden Schleifscheiben von 75 bis 500 mm Durchmesser auf vier Gummiklötzen gelagert und durch einen elektromagnetisch bewegten Stahlstift mit einstellbarer Frequenz von 100 bis 10 000 Hz erregt. Der vom Prüfkörper abgestrahlte Schall wird über ein Mikrophon geleitet und in einem Braunschen Rohr angezeigt.

6.4 Formen und Bezeichnung der Schleifkörper.

6.41 Formen. Die festen natürlichen und künstlichen Schleifkörper können z. B. scheiben-, ring-, segmentförmig oder zylindrisch sein. Die gebräuchlichen Randformen zeigt Abb. 20. Grundsätzlich sind für die Verwendung auf Schleifmaschinen durch die Unfallverhütungsvorschriften (UVV) nur künstlich gebundene

Schleifkörper zugelassen. Sie sind im Gegensatz zu den Naturschleifsteinen „ein durch technisches Verfahren künstlich gebundener Schleifkörper" im Sinne der Unfallverhütungsvorschriften. In der Natur gefundene, zum Schleifen geeignete Steine (Sandsteine u. a.), die durch Behauen und weitere Bearbeitung in zweckentsprechende Formen gebracht werden, sind für Maschinenschliff durch die UVV verboten.

Jeder kreisrunde Schleifkörper mit Bohrung und ebenen Seitenflächen ist durch Angabe des Außendurchmessers D, der Breite B und der Bohrung d eindeutig bestimmt.

Die Schleifkörper werden in folgende gebräuchliche Gruppen unterteilt [1]:

1. Schleifscheibe (Abb. 21): Kreisrunder Schleifkörper mit ebenen oder hinterarbeiteten Seitenflächen, zylindrischen oder kegeligen Umfangsflächen, wobei der halbe Unterschied von Außendurchmesser und Bohrungsdurchmesser gleich groß oder größer als die Breite und Bohrung ist. Die Schleifscheibe kann voll oder mit Aussparung, deren Tiefe nicht über $2/3$ Scheibendicke beträgt, versehen sein. Bei hinterarbeiteten Seitenflächen gilt als Dicke das Vollmaß (ohne Verjüngung). Dünnwandige Schleifscheiben sind Schleifkörper, bei denen der Bohrungsdurchmesser gleich oder größer als $2/3$ des Außendurchmessers und die Wandstärke (radial gemessen) $(D - d)/2 < 30$ mm beträgt.

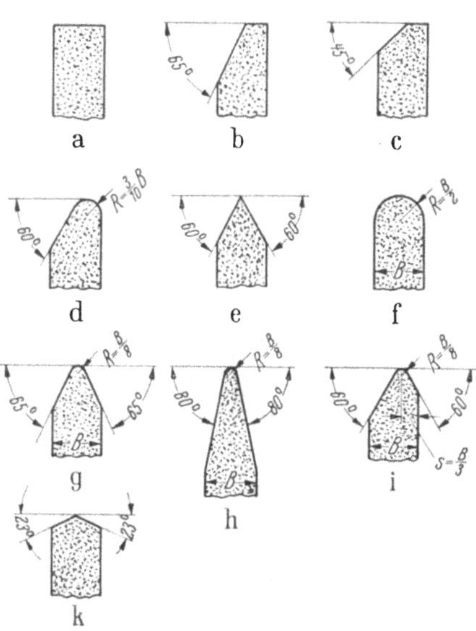

Abb. 20. Genormte Randformen von Schleifkörpern nach DIN 69 120.

2. Schleifring (Abb. 22): Kreisrunder Schleifkörper mit ebenen oder hinterarbeiteten Seitenflächen, zylindrischen oder kegeligen Umfangsflächen, wobei der Bohrungsdurchmesser größer als $1/4$ des Außendurchmessers und der halbe Unterschied zwischen Außendurchmesser und Bohrungsdurchmesser gleich groß oder größer als die Dicke ist.

3. Schleifwalze (Abb. 23): Kreisrunder Schleifkörper mit ebenen Seitenflächen, zylindrischen, balligen oder kegeligen Umfangsflächen, wobei der halbe Unterschied zwischen Außendurchmesser und Bohrung gleich oder kleiner als die Breite und gleich oder größer als die Bohrung ist. Die Schleifwalze kann voll oder mit Aussparung nicht über $2/3$ Breite versehen sein.

4. Schleifzylinder (Abb. 24): Kreisrunder Schleifkörper mit ebenen oder hinterarbeiteten Seitenflächen und zylindrischen Umfangsflächen, wobei der halbe Unterschied zwischen Außendurchmesser und Bohrungsdurchmesser gleich oder größer als die Breite und die Bohrung größer als der halbe Außendurchmesser ist.

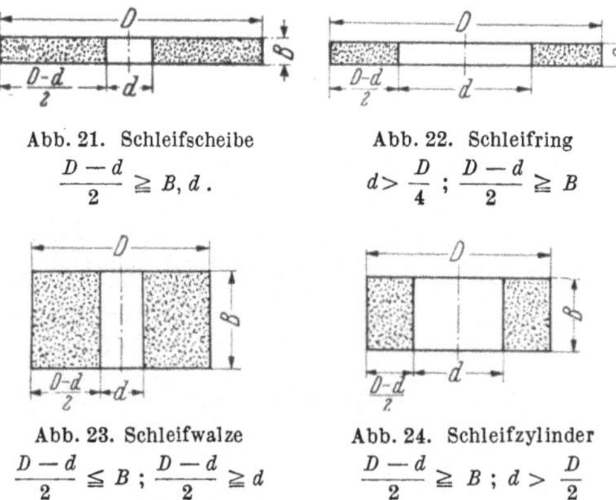

Abb. 21. Schleifscheibe
$$\frac{D-d}{2} \geqq B, d.$$

Abb. 22. Schleifring
$$d > \frac{D}{4} \; ; \; \frac{D-d}{2} \geqq B$$

Abb. 23. Schleifwalze
$$\frac{D-d}{2} \leqq B \; ; \; \frac{D-d}{2} \geqq d$$

Abb. 24. Schleifzylinder
$$\frac{D-d}{2} \geqq B \; ; \; d > \frac{D}{2}$$

5. Tellerschleifscheibe: Kreisrunder Schleifkörper in Tellerform, wobei die Breite kleiner als $1/8$ Außendurchmesser ist.

---

[1] DIN 69 120 enthält ausführliche Angaben über Schleifwerkzeuge (gerade Schleifkörper) und zwar das zugehörige Arbeitsblatt 1: „Gerade Werkstatt-Schleifkörper für Außenschleifen"; Arbeitsblatt 2: „Schleifkörper für Stähleschleifmaschinen". — Ferner DIN 69 140: „Schleifkörper für Flachschliff (Maß)". — Maßgeblich ist die neueste Ausgabe des betr. Normblattes, die vom Beuth-Vertrieb, Berlin W 15 oder Köln, zu beziehen ist.

6. Topfschleifscheibe: Kreisrunder Schleifkörper mit einseitiger, tiefer Aussparung, die mehr als die dreifache Dicke des Bodens beträgt.

7. Kleinstschleifkörper: Kleiner umlaufender Schleifkörper bis zu 50 mm ∅ auf Stahlschaft befestigt, braucht keine Schutzhaube und Schutzbügel. Mindestens 5 v. H. müssen im Herstellerwerk probelaufen.

6.42 Bezeichnung der Schleifscheiben. Nach DIN 69 100 soll bei der Kennzeichnung einer Schleifscheibe angegeben werden:

1. Die Art des darin enthaltenen Schleifmittels durch die Buchstaben K = Korund, EK = Edelkorund, SiC = Siliziumkarbid.
2. Die Körnung durch die entsprechende Sieb-Nr. nach Tabelle 3, S. 11.
3. Die Härte durch einen Buchstaben gemäß Abschn. 6.3, S. 14.
4. Das Gefüge durch Angabe der Dichtezahl nach Abschn. 6.2, S. 14.
5. Die Art der Bindung durch Buchstaben gemäß Abschn. 6.1, S. 12.

Beispiel: EK 60 Jot 8 Ke bedeutet: Edelkorund, Körnung 60, Härte Jot, Dichte 8 und Bindung keramisch.

Dazu kommen dann noch Angaben über Form und Maße des Schleifkörpers, die am besten in einer Skizze zum Ausdruck gebracht werden. Zu empfehlen ist weiterhin ein sorgfältiges Ausfüllen des Fragebogens, der dem Besteller von der Lieferfirma vorgelegt wird und alle diejenigen Angaben und Hinweise erbringen soll, die nötig sind, damit der für die vorgesehene Schleifarbeit bestgeeignete Schleifkörper (Schleifscheibe) geliefert wird. Diese enge Zusammenarbeit liegt im Interesse des Schleifscheibenherstellers wie des Verbrauchers (vgl. auch Abschn. 6.5). Es ist aber auch im Hinblick auf Sammlung von Erfahrungen und auf zukünftige Nachbestellungen notwendig, daß die Herstellfirma die gelieferte Schleifscheibe mit allen Bezeichnungen gemäß DIN 69 100 versieht.

6.43 Neben den *deutschen* Bezeichnungen für Schleifwerkzeuge nach DIN 69 100 werden häufig noch die *amerikanischen* verwendet. Im Jahr 1949 wurde von der American Society of Mechanical Engineers eine entsprechende amerikanische Norm ASA B 5.17—1949, Kennzeichnung von Schleifscheiben und anderen Schleifkörpern, herausgegeben [12]. Nachfolgend werden die wesentlichsten Punkte dieser Norm mit der deutschen Norm verglichen.

Diese Norm bezieht sich auf die Kennzeichnung der Hauptmerkmale eines Schleifkörpers; durch die Angaben ist aber noch nicht eine bestimmte Schleifwirkung gewährleistet, da es nicht möglich ist, die Schleifwirkung in eindeutige Beziehung zu meßbaren physikalischen Eigenschaften der Schleifscheibe zu setzen.

Das Kennzeichen besteht aus 6 Teilen:

1. Schleifmittelart. Es werden nur die beiden Hauptgruppen unterschieden:

Korund   A (Aluminium-Oxyde)   und
Siliziumkarbid   C (Silicon-Carbide).

Eine genauere Kennzeichnung innerhalb dieser beiden Hauptgruppen durch ein besonders davorgesetztes Zeichen des Herstellers ist zulässig.

2. Die Korngröße wird, wie auch bei uns üblich, durch die Nummer angegeben, und zwar in den Größen:

10 — 12 — 14 — 16 — 20 — 24 — 30 — 36 — 46 — 54 — 60 — 70 — 80 — 90 — 100 — 120 — 150 — 180 — 220 und in Ausnahmefällen 240 — 280 — 320 — 400 — 500 — 600.

3. Der Gütegrad entspricht unserer Schleifscheibenhärte und wird nach der Norton-Skala durch Buchstaben A (weich) bis Z (hart) bezeichnet.

4. Die Gefüge-Kennzeichnung ist freigestellt. Sie wird durch eine Zahl zwischen 1 und 15 (von dicht bis porös) angegeben, doch steht dem Gebrauch höherer Zahlen für hochporöse Scheiben nichts im Wege.

5. Die Bindung wird durch einen Buchstaben angegeben:

Keramische Bindung   V (Vitrified)
Silikatbindung   S (Silicate)
Schellackbindung   E (Shellac or elastic)
Gummibindung   R (Rubber)
Kunstharzbindung   B (Resinoid, Synthetic resins)
Magnesitbindung   O (Oxydchloride).

6. Ein Herstellerzeichen kann als 6. Gruppe hinzugefügt werden; diese Angabe ist freigestellt.

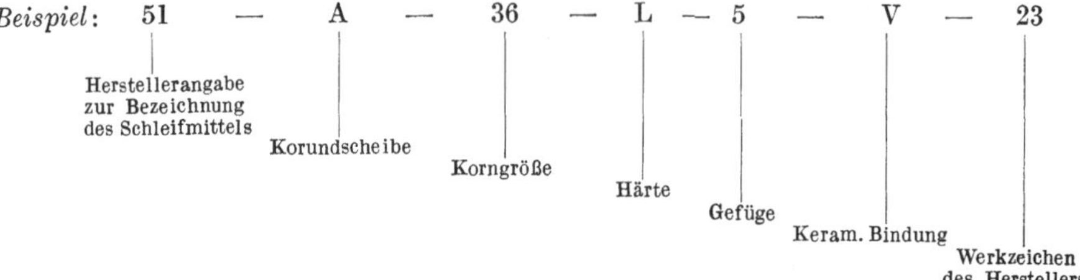

6.5 Die Herstellung der Schleifscheiben. Die Schleifscheibe, das gebräuchlichste Schleifmittel, kann durch Pressen oder Gießen hergestellt werden. Bei dem *Preßverfahren* wird die vorbereitete Mischung in Formen gefüllt und auf hydraulischen Pressen oder Spindelpressen gepreßt; dann erfolgt die Trocknung nnd unmittelbar darauf das Brennen in dem Brennofen. Bei dem *Gießverfahren* wird die in Rührbottichen angerührte Mischung in die Form geschöpft oder eingelassen. Sobald der gegossene Kuchen lufttrocken ist, erfolgt die Ofentrocknung, deren Dauer sich nach der Scheibengröße richtet. Die getrockneten Rohlinge werden auf Rohmaß abgedreht. Nach dem anschließenden Brennen werden dann die Scheiben auf das gewünschte Fertigmaß gedreht.

Mit Kunstharzbindung hergestellte Schleifscheiben werden mit Luftumwälzung und Feuchtlufterwärmung getrocknet. Dabei wird die Trockenzeit wesentlich verkürzt, gleichmäßige Temperatur und rißfreie Trocknung bei bester Wärmeausnutzung erzielt.

Das *Brennen* der keramisch gebundenen Schleifscheiben erfolgt im neuzeitlichen Betrieb in Tunnel- oder Durchlauföfen, wobei die zu brennenden Schleifscheiben auf Etagenwagen liegen. Der Rundofen ist weniger wirtschaftlich, da das Einsetzen, Brennen und Abkühlen etwa drei bis vier Wochen dauert, während der ununterbrochen arbeitende Tunnelofen für das Einfahren, Brennen und Abkühlen nur etwa fünf bis acht Tage benötigt, je nach Größe der Scheiben.

Die *Härte der Schleifkörper* (vgl. Abschn. 6.3) wird vor allem durch folgende Stoffeigenschaften und Herstellvorgänge beeinflußt:

a) Größe, Form, Festigkeit bzw. Härte, Dichte, Lagerung, Oberflächenbeschaffenheit des Kornes,

b) Festigkeit des Bindemittels und Haftfähigkeit des Kornes,

c) Schichtdicke des Bindemittels zwischen den Schleifkörnern,

d) Größe des Porenraumes,

e) Preßdruck (wenn die Scheiben durch Pressen geformt sind),

f) Lage der Schleifscheibe im Ofen beim Brennen,

g) Brenntemperatur und -dauer,

h) Abmessungen der Schleifscheibe.

Unter Berücksichtigung all dieser Einflußgrößen ist es erklärlich, daß die Herstellung von Schleifscheiben mit genau gleichbleibenden Schleifeigenschaften innerhalb ihrer nach Norm festgelegten Bezeichnung (z. B. EK 60 Jot 8 Ke) nicht einfach ist. Nur sorgfältiges Arbeiten und Erfahrung der Schleifmittelhersteller sind die Gewähr für gleichbleibende Güte. Der Kauf von Schleifscheiben ist daher Vertrauenssache. Erfahrene Schleifmittelhersteller beraten ihre Abnehmer, denn die Hersteller kennen am genauesten die Unterschiede ihrer Erzeugnisse. Dem Verbraucher ist durch die Kennzeichnung der Schleifkörper nach DIN 69 100 die beste Vergleichsmöglichkeit gegeben. Der Hersteller hat darüber hinaus noch die Möglichkeit, sein Fabrikat durch besondere Güteangaben zu kennzeichnen, die sich für den Verbraucher besonders dann günstig auswirken, wenn eine bewährte und nach DIN-Bezeichnung festgelegte Schleifscheibe in stets gleichbleibender Qualität geliefert wird.

6.6 Auswuchten. Die Güte der zu schleifenden Oberfläche hängt außer von der Wahl des richtigen Schleifkörpers und der Schleifbedingungen auch von dem sorgfältigen Auswuchten des Schleifkörpers ab (s. DIN 69 106). Hierunter ist zu verstehen: Beseitigen der Unwucht (Gleichgewichtsfehler

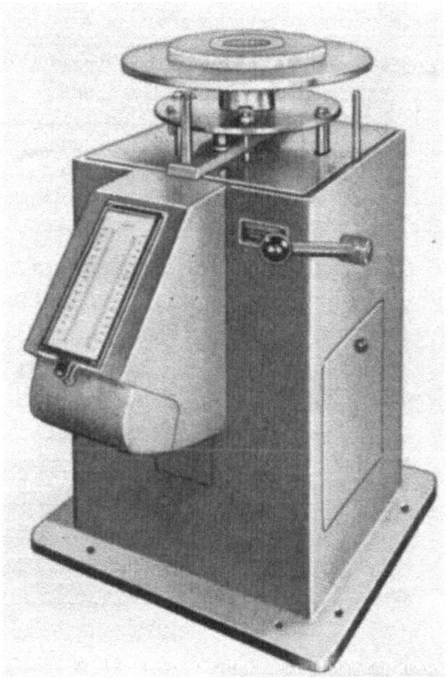

Abb. 25. Schleifscheiben-Wuchtwaage (Type N G, *Gebr. Hofmann*, Darmstadt).

Abb. 26. Schleifscheiben-Wuchtwaage.

infolge ungleichmäßiger Massenverteilung in oder an einem Schleifkörper). Man unterscheidet statisches und dynamisches Auswuchten (letzteres ist nur für breitere Schleifkörper erforderlich) [1]. Je nach der Art ihrer Entstehung kann man unterscheiden:

Lieferunwucht: Wuchtfehler der Schleifscheibe nach Fertigbearbeitung im Herstellerwerk.

Einbauunwucht: Wuchtfehler der Schleifscheibe nach Beseitigung der Lieferunwucht. Sie sollte nicht größer sein als $2^0/_{00}$ des Schleifscheibengewichtes, gemessen am Schleifscheibenumfang, und muß durch die üblichen Auswuchtmittel im Befestigungsflansch der Schleifscheibe ausgeglichen werden können.

Betriebsunwucht: der mit der Abnutzung der Schleifscheibe veränderliche Wuchtfehlerrest während des Betriebes der Schleifscheibe.

Abb. 27. Feinwucht- und Schwingungsentstörgerät mit AEG-Oszillograph und Lichtblitzstroboskop (Werkphoto AEG).

Voraussetzung für richtiges Auswuchten ist ein gutes Wuchtgerät. Abb. 25 zeigt eine Schleifscheiben-Wuchtwaage mit auf einem Schleifdorn aufgesteckter Schleifscheibe. Das

Gerät eignet sich für Scheiben kleiner und mittlerer Abmessungen. Gewuchtet wird durch Verstellen und Festklemmen der in einer Ringnute an der Stahlnabe geführten Gewichte.

Große Scheiben kann man mit der in Abb. 26 wiedergegebenen Bauart einer Wuchtwaage mit Leuchtskalenanzeige auswuchten. Hierbei wird die Schleifscheibe auf einen Wiegeteller gelegt und mittels einer dem Schleifscheibenbohrungsdurchmesser entsprechenden Blechscheibe zentriert. Der Aufnahmeteller pendelt um eine Achse und wird solange gedreht, bis der Leuchtstrich an der Grammskala auf Null steht. Dann wird die Schleifscheibe für die zweite Ablesung um 90° gedreht [5].

Eingebaute Schleifkörper kann man auch mit einem permanentdynamischen Schwingungs-Entstör- und Auswuchtgerät überprüfen. Abb. 27 zeigt ein geeignetes Gerät zur Ermittlung von statischen und dynamischen Kräften bei Umlaufkörpern in eingebautem Zustand. Durch Einbau eines Erschütterungsaufnehmers in die Schleifmaschinenlagerstellen kann man auch während des Laufes den Wuchtzustand der Schleifscheibe prüfen.

Das Auswuchten der Schleifscheibe wird zweckmäßig nach längerer Betriebszeit und der damit verbundenen Abnutzung wiederholt. Zur Vereinfachung des zeitraubenden Ausbaues und Abwägens der Schleifkörper wurde von der Fa. *Cincinnati* eine Schleifkörperaufnahme mit selbsttätiger Auswuchtvorrichtung entwickelt. Das nach einem Drei-Kugelverfahren arbeitende selbsttätige statische Auswuchten soll sich gut bewährt haben [*13*].

6.7 Abrichten. Schleifkörper aus Korund und Siliziumkarbid werden erstmalig beim Verbraucher nach dem Aufspannen und Auswuchten auf der Schleifmaschine abgerichtet zur Erzielung des Rundlaufes, der Profilierung und Schärfung.

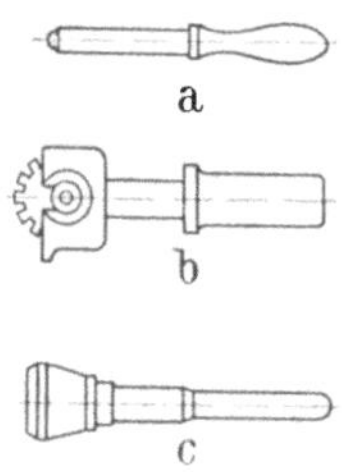

Abb. 28. Handabrichter.

a Abrichtstab mit Siliziumkarbidfüllung, *b* Hammerrädchen, Abrichtwalzen usw. aus Stahl, *c* umlaufender Kegel aus Siliziumkarbid.

6.71 Die Herstellung der Grundform der Schleifkörper durch Abdrehen oder Abschleifen erfolgt bereits beim Hersteller. Das Behauen von Schleifkörpern mit dem Meißel oder sonstigen Schlagwerkzeugen zwecks Vorprofilieren bei großem Materialabtrag ist nach § 12.1 der Unfallverhütungsvorschrift verboten. Beim Behauen können leicht unbemerkte Rissen entstehen, die beim Schleifen zu Scheibenbrüchen führen. Daher sind nur schleifend schneidende Abrichtmittel zulässig, die das Korn schichtweise ohne Flächenpressung aus dem Schleifkörper an der Oberfläche herausbrechen.

Im Gebrauch nutzen sich die Schleifkörper ungleichmäßig ab oder verschmieren besonders beim Trockenschleifen. Zum Verschmieren neigen besonders weiche und zähe Metalle, auch ungehärteter Stahl, wenn die Scheibe zu fein oder zu hart oder ihre Geschwindigkeit zu klein oder die Zustellung zu groß war. Leichtmetallspäne lassen sich meist schon mit Drahtbürsten beseitigen.

Schleifkörper sind nur im beschränkten Umfang „selbstschärfend". Umlaufende Schleifkörper müssen daher dauernd schneidfähig und rundlaufend erhalten werden. Durch „Abrichten" erreicht man, daß bei stumpfen und verschmierten Schleifkörnern die stumpfen Schleifkörner ausbrechen oder zertrümmert werden. Die Schärfung erfolgt somit durch Freilegung neuer schneidender Schleifkörner oder Schaffung neuer Schneidkanten.

Abrichten ist demnach eine feine Bearbeitung an umlaufenden Schleifkörpern mit Abrichtdiamanten, diamantfreien Abrichtwerkzeugen und sonstigen zweckentsprechenden Werkzeugen, um genaue Schleifflächen zu erzielen und durch Aufrauhen die Griffigkeit wiederherzustellen. Als Abrichtwerkzeuge dienen entsprechend einer Übersicht des AWF-Betriebsblattes Nr. 79 [7]:

a) Handabrichter der in Abb. 28 wiedergegebenen Ausführungen als: Abrichtstäbe (Rohre, die z. B. mit Siliziumkarbid oder Borkarbid gefüllt sind), Abrichter mit Hammerrädchen oder Abrichtwalzen, Abrichter mit umlaufendem Kegel aus Siliziumkarbid.

b) Zwangsläufig geführte Abrichtgeräte.

c) Abrichtdiamanten.

6.72 Die diamantfreien Abrichtgeräte brechen bei Zustellungen von etwa 0,01 bis 0,05 mm die Körner aus dem Schleifkörper heraus. Die Laufkörper dieser Geräte sind sehr verschieden ausgebildet, als Rollen, Kegel, Rädchen oder Scheiben aus Stahl, die gerade, gewellt, gezackt, auch mit Hartmetall bestückt sein können. Meist laufen mehrere zusammen in einem gabelförmigen Halter, der gleichzeitig als Schutzhaube ausgebildet sein kann. Die Rädchen werden beim Zustellen durch die umlaufende Schleifscheibe in Drehung versetzt. Alle Laufkörper müssen erschütterungsfrei, staubsicher und leicht auswechselbar gelagert sein. Zweckmäßigerweise werden Abrichtgeräte nicht von Hand gehalten, sondern eingespannt und zwangsläufig geführt.

Umfangreichere Untersuchungen mit den gebräuchlichsten Abrichtgeräten im Vergleich zum Diamanten lassen die Brauchbarkeit dieser Geräte auch für hohe Ansprüche erkennen [*14, 15, 16*]. Nähere Angaben und Einzelheiten der Handhabung sind den Werbeschriften der Herstellerfirmen [1] dieser Geräte zu entnehmen.

Mit Handabrichtern lassen sich nur grobe und harte Schleifscheiben bis etwa 400 mm Durchmesser abrichten, die auf Schleifböcken, Stähleschleifmaschinen oder Gußputzmaschinen verwendet werden. Auch Topfscheiben, die meist trocken, z. B. auf Scharfschleifmaschinen arbeiten, können mit Abrichtstäben geschärft werden.

Schleifkörper für Werkstücke mit hohen Anforderungen an Maß-, Form- und Oberflächengüte müssen mit Abrichtdiamanten abgerichtet werden, ferner auch sehr harte Schleifkörper mit Gummibindung, wie sie z. B. beim spitzenlosen Schleifen gebräuchlich sind.

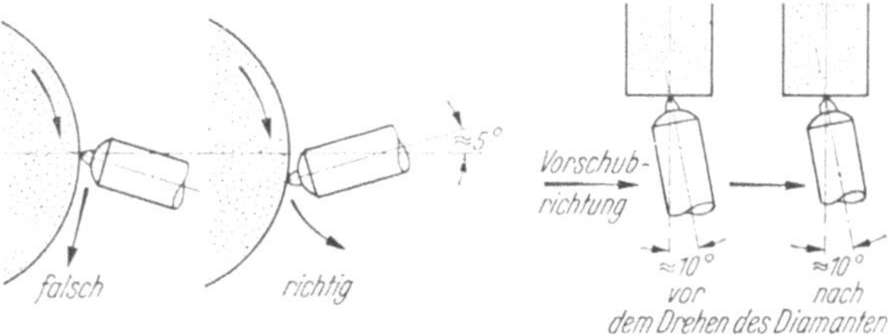

Abb. 29. Einstellwinkel des Diamanten beim Abrichten.

6.73 Die Abrichtdiamanten: Härte und Form der Diamanten sind je nach Fundort verschieden. Die bekanntesten natürlichen Diamanten sind Afrika-Borts und Brasil-Borts. Als internationale Maßeinheit für Diamanten gilt ihr Gewicht in Karat (1 Karat = 0,2 g). Abrichtdiamanten müssen frei sein von Rissen, Blasen und anderen Fehlern. Diamanten oder Diamantsplitter werden durch Hartlöten in Einsätzen gefaßt, die in DIN 1820 genormt sind. Nach einseitiger Abnutzung lassen sie sich im flüssig gemachten Lot neufassen durch Umsetzen, wobei nicht abgenutzte Kanten nach außen gebracht werden.

Die Diamantgröße muß dem Schleifscheibendurchmesser angepaßt werden:

Gröbere, härtere und breitere Schleifscheiben erfordern etwas größere Diamanten. Die jeweilige Zustellung beim Abrichten darf 0.03 mm nicht überschreiten. Auch der Einstellwinkel des Diamanthalters ist zu beachten, entsprechend den Angaben der Abb. 29. Zur Diamanteinsparung richtet man am besten bei Wasserkühlung ab [7].

Schleifscheiben-durchmesser mm	Mindest-Diamantgröße Karat
bis 100	0,1 bis 0,25
100 „ 200	0,25 „ 0,50
200 „ 400	0,5 „ 1,0
400 „ 800	1 „ 2
über 800	2 „ 2,50

---

[1] Beispielsweise seien genannt, ohne daß damit ein Werturteil über die Erzeugnisse dieser oder anderer, hier nicht genannter Firmen ausgesprochen werden soll: Atlantic-Feinabrichter der Fa. Guilleaume-Werk, Beuel/Rhein; Degussit-Abrichter der Fa. Korfix Schleifwerkzeug GmbH., Frankfurt/Main; Norbide-Abrichter der Fa. Deutsche Norton GmbH., Wesseling Bez. Köln; Abrichter der Fa. Naxos-Union, Schleifmittel- und Schleifmaschinenfabrik, Frankfurt/Main; Kleinabrichter der Fa. Ernst Winter & Sohn, Hamburg 19.

In Sonderfällen arbeitet man auch mit sog. Diamantigeln und Vielkorndiamanten, bei denen mehrere kleine Diamanten von etwa 50 bis 400 μ Korngröße nebenoder hintereinander angeordnet sind. Diese Diamant-Aggregate in harter Bindung sind billiger als Volldiamanten und können ohne Umfassen restlos verbraucht werden.

6.74 Abrichtgeräte. Die Oberflächenbeschaffenheit der zu schleifenden Werkstücke und Werkzeuge hängt weitgehend von der Art, Beschaffenheit und Einstellung des Abrichtgerätes ab.

Durch geeignete Verfahren ist es möglich, an der laufenden Schleifscheibe durch quantitative Erfassung der Oberflächengestalt die sog. Wirk-Rauhtiefe der Schleifscheibe zu messen. Danach kann man die Auswirkung am Werkstück zahlenmäßig in Rauhtiefenwerten (vgl. Abschn. 7.1) angeben [17].

Auch Untersuchungen des Abrichtvorganges sind, wie erwiesen ist, von Bedeutung. Mit Rücksicht darauf, daß der Abrichtverschleiß der Schleifscheibe um ein Mehrfaches größer ist als der Verschleiß beim Schleifen, kommt ihm eine besondere Bedeutung für den Schleifvorgang zu.

Für Profilschleifscheiben gibt es besondere Abrichtvorrichtungen, wie z. B. Radien-Abrichtvorrichtung für konkave und konvexe Krümmungen und Kurvenprofile [1].

7. Der Schleifvorgang.

Opitz und Saljé haben die *wirtschaftlichen Zerspanbedingungen* beim Schleifen untersucht [19]. Die Einzelheiten dieser wissenschaftlichen Kalkulationsuntersuchungen hier wiederzugeben, ist nicht möglich, aber einige dabei geprägte Begriffe, die auch allgemein in der Werkstatt Beachtung verdienen, seien genannt:

Die *Standzeit T* der Schleifscheibe wird gekennzeichnet als diejenige Schleifdauer, bis zu der die Rauhtiefe des Werkstückes infolge Schleifscheibenabnutzung auf das 1,5-fache der ursprünglichen gestiegen ist. Beim Außenrundschleifen und beim Einstechschleifen liegt ihre Größenordnung bei ungefähr 5 bis 15 Minuten, abhängig von der Zerspanleistung.

Die *Zerspanleistung* Vol_w ist die in der Zeiteinheit zerspante Werkstoffmenge. Mit den Bezeichnungen d = Werkstückdurchmesser (mm), n_w = Drehzahl des Werkstückes (U/min), s = Vorschub je Umdr. des Werkstückes (mm/U), a = Zustellung (mm/Hub) erhält man die Umlaufgeschwindigkeit des Werkstückes $v_w = d \pi n_w$ (mm/min), die Tischgeschwindigkeit $v_T = s n_w$ (mm/min) und die Zerspanleistung $Vol_w = a s d \pi n_w = a s v_w = a d \pi v_T$ (mm³/min).

Das *Standvolumen* $V_T = T Vol_w$ (mm³) erhält man durch Malnehmen der Zerspanleistung mit der Standzeit.

Produktiver Verschleiß der Schleifscheibe Vol_s ist die Abnutzung der Schleifscheibe während des Schleifvorganges (mm³), ohne die Abnutzung beim nachfolgenden Abziehen.

Teilt man Vol_s durch die in derselben Zeit vom Werkstück abgeschliffene Werkstoffmenge Vol_w (mm³), so erhält man den *spezifischen Scheibenverschleiß* $S = Vol_s / Vol_w$ (mm³/mm³, Verhältniszahl).

Steigert man die Zerspanleistung Vol_w, so nimmt auch der spezifische Scheibenverschleiß zu, ebenso wächst die Umfangskraft an der Schleifscheibe und damit der Energieverbrauch.

Das *wirtschaftliche* Schleifen ist von allen hier aufgeführten Größen abhängig. Darin liegt die Schwierigkeit begründet, gefühlsmäßig oder durch bloßes Probieren zum günstigsten Ergebnis zu kommen; nur planmäßige Versuche machen dies möglich.

7.1 Rauhtiefe und Schleifkraft. Der Schleifvorgang ist ein echter Zerspanungsvorgang, wie schon Krug [6] früher an Bildern von Schleifspänen nachgewiesen hat (Abb. 12 und 30). Aber während man bei der Untersuchung des Zerspanungsvorganges von Werkzeugen mit nur einer Schneide (Drehmeißel) oder mit verhältnismäßig wenigen Schneiden (Fräser, Säge) von der Spanform ausgehen kann (Fließspan, Scherspan, Reißspan) und die Form der Schneide nach ihren Winkeln (Freiwinkel, Spanwinkel, Einstellwinkel) zum Werkstück festlegt, zwingen der unregel-

---

[1] Eine englische Veröffentlichung enthält etwa 500 Auszüge aus britischen, amerikanischen und deutschen Patenten über Konstruktion, Anwendung und Gebrauch von Abrichteinrichtungen aus den Jahren 1916 bis 1946 [18].

mäßige Aufbau der Schleifscheibe aus Schleifkörnern und Bindemittel, die mannigfaltige Form und die verschiedenartige Stellung der zahlreichen Schleifkornschneiden in der Oberfläche des Schleifkörpers (vgl. Abb. 31) zu völlig andersartigen Betrachtungen des Schleifvorganges. Bei den Untersuchungen von Opitz und Saljé [20] u. [40] im Werkzeugmaschinen-Laboratorium der Technischen Hochschule Aachen wird der Schleifvorgang (Abb. 32) nach dem Ergebnis beurteilt, d. h. nach den am Werkstück entstehenden Rauhtiefen und den auftretenden Zerspanungskräften.

7.11 Die Rauhtiefe, mit R bezeichnet und in μ gemessen, ist nach DIN 4760 der Höhenunterschied zwischen der höchsten Spitze (Hüllkörperfläche) und der tiefsten Riefe (Grundkörperfläche) einer bearbeiteten Fläche. Sie wird ermittelt durch Ausmessen und Aufzeichnen eines Profilschnittes der geometrischen Oberfläche, z. B. mit dem Lichtschnittgerät von Zeiss-Schmaltz oder mit dem Spitzen-Tastgerät von Leitz-Forster. Dieser Profilschnitt wird entweder quer zu den Schleifriefen (Quer-Rauh-

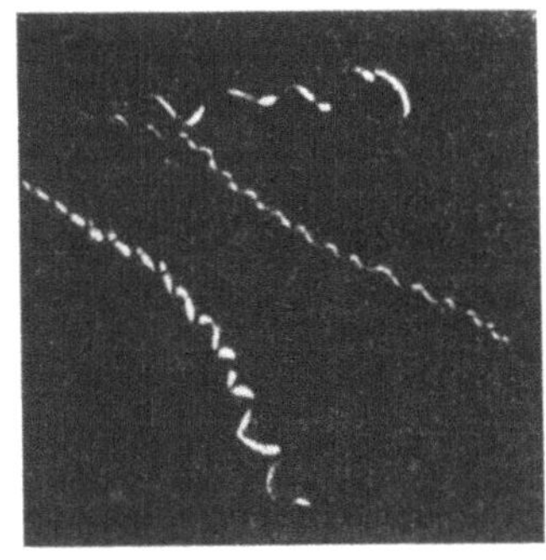

Abb. 30. Schleifspäne von weichem Stahl — besonders gut ausgebildet als Fließspäne.

tiefen) oder in ihrer Längsrichtung (Längs-Rauhtiefen) aufgenommen. Bei der Beurteilung des Schleifvorganges wird die Quer-Rauhtiefe zugrunde gelegt.

Die Rauhtiefe am geschliffenen Werkstück hängt vorwiegend von der Körnung und Härte der Schleifscheibe ab. Die Schleifscheibenoberfläche ist am gleich-

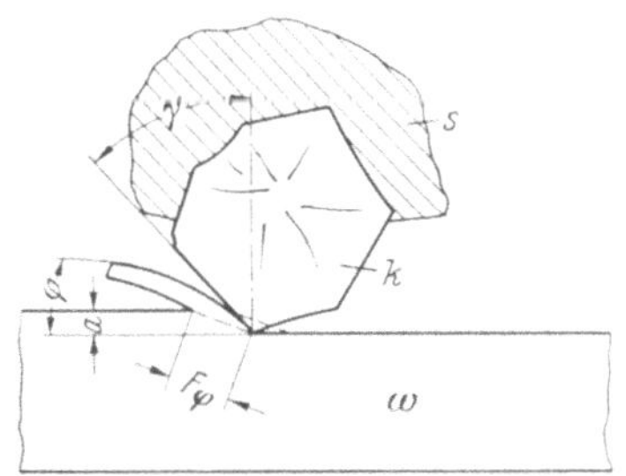

Abb. 31. Geometrische Verhältnisse am Schleifkorn.

s Schleifscheibe, k Schleifkorn, w Werkstück, γ Spanwinkel, φ Scherwinkel, F_φ Scherfläche, a Spantiefe (Anstellung, Zustellung).

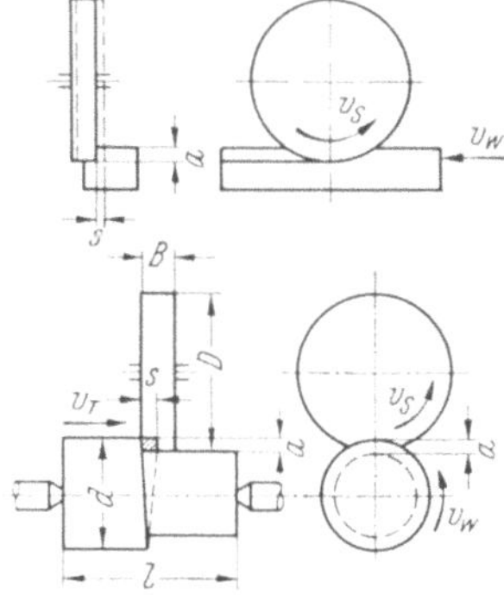

Abb. 32. Bezeichnungen der Abmessungen und Varianten beim Flächenschleifen (oben) und beim Rundschleifen (unten). D Schleifscheibendurchm., B Schleifscheibenbreite, v_s Umfangsgeschw. d. Schleifsch., d Werkstückdurchm., l Länge des Werkst., a Zustellung (Schleiftiefe), s Vorschub je Umdr. bzw. je Hub oder je Doppelhub, v_w Umfangs- bzw. Längsgeschw. d. Werkst., v_T Tischgeschw. (axial) beim Rundschleifen.

mäßigsten nach dem Abziehen mit dem Diamanten, besonders, wenn mehrere Abziehbewegungen ohne jeweilige Zustellungen nacheinander durchgeführt werden. Die sehr scharfe und zackige Schleifscheibenoberfläche erzeugt zunächst eine verhältnismäßig große Rauhigkeit. Nach kurzer Schleifzeit wird sie etwas kleiner und es tritt eine vorübergehende Beharrung ein. Während dieser Beharrungszeit lassen sich die Rauhtiefen-Messungen durchführen. Als Maß für die *Standzeit* einer Schleifscheibe kann dann der Anstieg der Rauhtiefe gelten. Die Rauhtiefe ist, wie schon oben gesagt, abhängig von den Schleifscheiben-Eigenschaften (besonders Gleichmäßigkeit der Härte und Körnung), außerdem aber auch von den Eingriffsbedingungen, dem Werkstoff, der Kühlung und der Güte der Maschine. Hat das Kühlmittel Schmierwirkung, so sinken Rauhtiefe und Umfangskraft.

Oberflächenverbesserungen des Werkstücks lassen sich bekanntlich durch sog. Ausfeuern oder Ausfunken erzielen, d. h. durch eine gewisse Anzahl Überschliffe ohne Zustellung. Dasselbe erreicht man, wenn der Vorschub s (mm je Umdr. bzw. je Hub des Werkstücks) verhältnismäßig klein gewählt wird, so daß auf einen Gesamtvorschub von der Größe der Schleifscheibenbreite B (mm) insgesamt $U = B/s$ Überschliffe stattfinden. SALJÉ bezeichnet diese Zahl U als *Überschliffzahl*. Setzt man $s = v_T/n_w$, worin mit v_T die Vorschubgeschwindigkeit des Tisches bzw. Werkstückes und mit n_w die Drehzahl des Werkstückes bezeichnet sind, so ergibt sich, daß auch diese beiden Größen Einfluß haben auf U.

Die Rauhtiefe nimmt mit wachsender Überschliffzahl ab. Ist die Überschliffzahl klein, was praktisch immer der Fall ist, so steigt mit der Zustellung auch die Rauhtiefe an. Hohe Werkstück-Umfangsgeschwindigkeiten erhöhen die Rauhtiefe, erhöhte Schleifscheiben-Umfangsgeschwindigkeiten verkleinern sie. Das Ergebnis wird in einem Raumdigramm zusammengefaßt (Abb. 33). Während dieses Schaubild den grundsätzlichen Zusammenhang darstellt, leitet SALJÉ zur Ermittlung der Rauhtiefe für den Einzelfall eine Formel ab. Gemessene Rauhtiefen aus sehr zahlreichen Versuchen weichen von den nach dieser Formel berechneten um $\pm 10\%$, im Höchstfalle um 20% ab. Die Formel sei hier wiedergegeben (näheres siehe [20]):

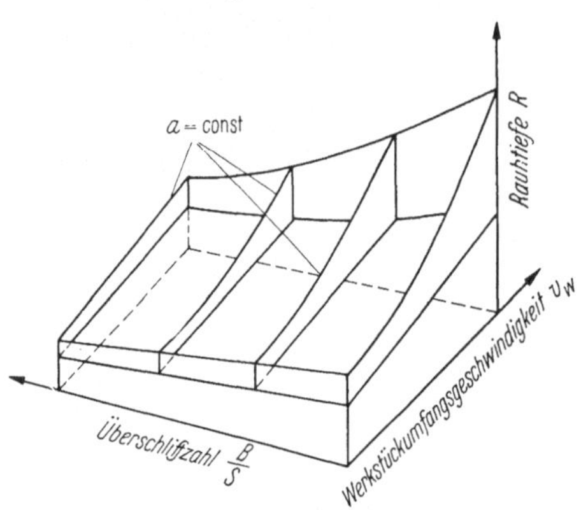

Abb. 33. Schema des Rauhtiefenkennkörpers. Abhängigkeit der Rauhtiefe von Überschliffzahl und Werkstückumfangsgeschwindigkeit. Ebenen gleicher Zustellung als Parameter (unbestimmte Konstante).

$$R = h^{0,6} \frac{11,6}{v_s} \left(\frac{s}{B}\right)^{0,465} (a\, v_w)^{0,175}.$$

Darin bedeuten: R = Rauhtiefe in μ,

$$h = \frac{\lambda}{c\,\gamma} = \text{Temperaturleitfähigkeit in cm}^2/\text{s},$$

λ = Wärmeleitfähigkeit,

c = spezifische Wärme,

γ = spezifisches Gewicht,

v_s = Schleifscheiben-Umfangsgeschwindigkeit,

s = Tisch- bzw. Längsvorschub,

B = Schleifscheibenbreite,

a = Zustellung,

v_w = Werkstück-Umfangsgeschwindigkeit.

7.12 Die Umfangskräfte beim Schleifen sind ebenso wie die Rauhtiefe von verschiedenen Einflußgrößen abhängig. Schon KRUG [6] hat den Einfluß der Schnittgeschwindigkeit beim Schleifen behandelt und auf die Kornzersplitterung und die Möglichkeit höherer Schleifleistung bei Erhöhung der Schleifgeschwindigkeit sowie auf den Einfluß der Spandicke beim Schleifvorgang hingewiesen. SALJÉ hat in der schon genannten Veröffentlichung [20] auch eine Formel für die Größe der Umfangskraft abgeleitet. Zur Nachprüfung ihrer Richtigkeit zieht er zahlreiche Meßergebnisse anderer Forscher und des Aachener Werkzeugmaschinen-Laboratoriums heran.

Mit den Bezeichnungen

P_t = Umfangskraft an der Schleifscheibe,

τ_0 = Schub- oder Scherfestigkeit des Werkstoffes,

a = Zustellung oder Spantiefe,

s = Vorschub je Umdrehung (oder Hub) des Werkstückes,

v_w = Umfangsgeschwindigkeit des Werkstückes,

v_s = Umfangsgeschwindigkeit der Schleifscheibe

kommt man durch anschauliche Überlegung und Beachtung des Einflusses der einzelnen Größen zunächst zu der einfachen Schnittkraftformel

$$P_t = \tau_0 \frac{a\,s\,v_w}{v_s}\,, \text{ worin } \frac{a\,s\,v_w}{v_s} = \text{Spanquerschnitt } q \text{ ist.}$$

Darin ist aber stillschweigend angenommen, daß P_t der Scherfestigkeit des Werkstoffes, der Zustellung a und dem Vorschub s verhältnisgleich sei. Aus den für den Drehmeißel und den Fräser abgeleiteten Zerspanungsgesetzen ist jedoch bekannt, daß man das Mehrfache der Festigkeit einsetzen muß und daß die Schnittkraft nicht im gleichen Maße zunimmt wie der Spanquerschnitt, vielmehr die spezifische Schnittkraft bei zunehmendem Spanquerschnitt kleiner wird, außerdem das Verhältnis $a : s$ bei genauen Schnittkraftbestimmungen beachtet werden muß, weil der Einfluß dieser beiden Größen auf die Schnittkraft verschieden ist. Diese Erscheinungen, die sinngemäß auch beim Schleifen auftreten, müssen einen wirklichkeitsnahen Ausdruck für die Schnittkraft verwickelter machen. So lautet die von SALJÉ aufgestellte Schnittkraftformel

$$P_t = \tau_0\,\bar{A}\left(\frac{a\,s\,v_w}{v_s}\right)^{1+\frac{\varepsilon}{2}}$$

Darin sind die Konstante A und der Exponent ε von der Art und Körnung (Korngröße) der Schleifscheibe abhängig. Durch Auswertung entsprechender Versuchsreihen haben sich z. B. bei Bearbeitung von Stahl C 45 gehärtet (etwa 150 kg/mm² Zugfestigkeit) die folgenden Ausdrücke für drei verschiedene Schleifscheiben bei gleicher Kühlung ergeben:

$$\text{Scheibe 80 K: } \varepsilon = -1{,}1 \text{ und } P_t = 8{,}55\,\tau_0\left(\frac{a\,s\,v_w}{v_s}\right)^{0{,}45}$$

$$\text{Scheibe 60 L: } \varepsilon = -1{,}2 \text{ und } P_t = 12\,\tau_0\left(\frac{a\,s\,v_w}{v_s}\right)^{0{,}4}$$

$$\text{Scheibe 46 L: } \varepsilon = -1{,}146 \text{ und } P_t = 18\,\tau_0\left(\frac{a\,s\,v_w}{v_s}\right)^{0{,}27}.$$

In der Veröffentlichung [20] zeigt SALJÉ den Weg, um in bestimmten Fällen mit Hilfe einer kleinen Versuchsreihe, z. B. für eine Scheibe gegebener Qualität und einen gegebenen Werkstoff, die für die Gebrauchsformel benötigten Zahlenwerte von A und ε zu bestimmen.

Andere Untersuchungen nehmen an, daß der Begriff eines *Kennwertes* für eine Schleifscheibe in Form einer Arbeitscharakteristik sinnvoll ist, die sich auf den jeweiligen Belastungszustand in Abhängigkeit von der theoretisch größten Spandicke bezieht [21].

7.2 Wahl des geeigneten Schleifkörpers. Von der richtigen Wahl des Schleifkörpers und den Schleifbedingungen hängt das einwandfreie und wirtschaftliche Schleifen ab.

Zum Feinschleifen wählt man mittleres bis feines Korn. Man kann aber auch mit groben Scheiben auf Maschinen mit Selbstgang einen feinen Schliff erzielen, wenn man die Schleifscheibe fein abrichtet, die Umfangsgeschwindigkeit des Werkstückes erhöht, und die Tischgeschwindigkeit vermindert.

Setzen sich die Poren, also die Zwischenräume zwischen den Schleifkörnern zu, so spricht man von Verschmieren. Die Schleifscheibe ist dann in der Regel zu hart oder zu fein, bei Werkstoffen wie Kupfer, Aluminium u. a. auch zu großporig. Nützt sich dagegen die Scheibe zu rasch ab, oder wird sie rasch unrund, so ist sie zu weich oder zu grob.

Schleifringe und Topfschleifscheiben, die mit der Stirnfläche arbeiten, müssen weicher sein als Scheiben, die mit ihrem Umfang arbeiten. Segmentschleifscheiben, das sind Schleifkörper, die nicht aus einem Stück bestehen, sondern aus einzelnen Teilen — Segmenten — zusammengesetzt sind, liefern höhere Schleifleistungen bei geringerer Erwärmung als Schleifringe und Topfschleifscheiben.

Beim Arbeiten mit zu harten Schleifscheiben kann das Werkstück unzulässig erhitzt werden. Häufig verursachen harte Scheiben Rattermarken; der Kraftverbrauch für den Antrieb steigt, so daß bei schmalen Riemenscheiben der Riemen rutscht. Vor allem aber werden zu harte Scheiben vorzeitig stumpf, sie sehen dann blank aus. Blanke Scheiben werden besonders schnell heiß, bekommen Spannungen und die Gefahr des Zerfliegens ist groß.

Weichere Scheiben sind trotz schnelleren Verbrauchs vielfach wirtschaftlicher als harte, denn sie halten sich durch rechtzeitiges Ausbrechen der stumpfen Körner scharf, leisten mehr Arbeit und brauchen weniger Kraft. Es treten auch weniger Unterbrechungen des Arbeitsganges ein, da die Scheibe nicht so häufig abgerichtet werden muß. Die Scheibe darf aber auch nicht *zu* weich sein, weil sie sonst zu stark abgenutzt und leicht unrund wird.

Mit zunehmender Härte der Schleifscheibe wächst ihre Haltbarkeit, jedoch wird die Schleifleistung in der Zeiteinheit geringer. Je weicher eine Schleifscheibe ist, um so größer ist ihre Schleifleistung in der Zeiteinheit, aber um so geringer ihre Haltbarkeit. Für jede Schleifarbeit muß der Bestwert von Leistung und Haltbarkeit gesucht werden, da es Scheiben mit größter Schleifleistung und gleichzeitig größter Haltbarkeit nicht gibt.

Wird der Scheibendurchmesser infolge Abnützung kleiner, so soll die Drehzahl der Scheibe so erhöht werden, daß die Umfangsgeschwindigkeit gleich bleibt, weil sich die Scheibe sonst unverhältnismäßig schnell abnützt. Da das einzelne Schleifkorn in der Zeiteinheit jetzt öfter zum Eingriff kommt als bei der großen Scheibe und daher auch rascher verbraucht ist, entsteht zuweilen der Anschein, daß die Scheibe nach der Mitte zu weicher wird.

Jede Steigerung der Umfangsgeschwindigkeit läßt eine Schleifscheibe härter, jede Herabsetzung läßt sie weicher wirken.

Die Länge des Berührungsbogens zwischen der Schleifscheibe und dem Werkstück beeinflußt die Wahl der Körnung und Härte entscheidend. Bei Zylindern und Topfscheiben werden die Berührungsbogen zu Berührungsflächen, deren Größenunterschiede noch einflußreicher sind als die der Bogen bei geraden Schleifscheiben; dies gilt auch für die Druckkräfte an den Berührungszonen. Beim Flächenschleifen gelten die gleichen Überlegungen.

Berührungsbogen und Berührungsfläche dürfen nicht mit Berührungsbreite verwechselt werden. Unter Berührungsbreite versteht man bei geraden Schleifscheiben die Schleifscheibenbreite, die mit dem Werkstück in Berührung ist; bei Zylinder- und Topfscheiben versteht man darunter die Breite des Randes.

Die Berührungsbreite ist auf die Schneidwirkung der Schleifscheibe praktisch ohne Einfluß, vorausgesetzt, daß der Arbeitsdruck auf die Flächeneinheit unverändert bleibt und die Antriebskraft ausreicht.

Beim Innenschleifen ist der Einfluß der Eingriffsfläche auf die Arbeit der Schleifscheibe natürlich wesentlich größer als beim Außenrund- und Flächenschleifen.

Scheiben mit großem Durchmesser sind wirtschaftlicher, als kleinere. Der Preis je Gewichtseinheit ist geringer, und das einzelne Schleifkorn kommt in der Zeiteinheit seltener zum Eingriff, so daß die Scheibe geschont wird.

Wenn es Form und Art des Werkstückes gestatten, sind breitere Scheiben auf entsprechend kräftigen Maschinen, besonders beim spitzenlosen und beim Einstechschleifen, zweckmäßiger als schmale.

Weitere Einzelheiten zur Wahl und Bezeichnung der Schleifkörper (nach DIN 69 102) in Abhängigkeit vom Schleifscheibendurchmesser enthält das AWF-Betriebsblatt Nr. 76 [7]. Dieses Betriebsblatt bringt Vorschläge zur Schleifkörperwahl für die Bearbeitung von Bau- und Werkzeugstählen, Schnellarbeitsstählen, Hartmetallen, Grau- und Stahlguß, Leichtmetallegierungen, Nichteisenschwermetallegierungen, Glas, Porzellan, Steinzeug, Kunststoffe, Hartpapier und Hartgummi.

Auch Bohrungen mit kleinen Durchmessern bis herunter zu 3 mm, wie sie z. B. neuerdings auch bei Hartmetallschnitten vorkommen, müssen geschliffen werden. Saubere maßhaltige Bohrungen dieser Art erhält man nur bei sehr hohen Schleifgeschwindigkeiten von über 20 m/s. Die erforderlichen hohen Schleifspindeldrehzahlen von 100 000 U/Min erreicht man mit Preßluftantrieb. Beim Schleifen der Hartmetallbohrungen von 3 bis 12 mm $\varnothing$ mit Schleifkorn 150 kann man je Doppelhub 0,01 mm zustellen, dies entspricht etwa den Werten für Stahlschleifen. Polierschliff bei Hartmetallbohrungen wird mit Korundschleifstiften 60 H keramischer Bindung ermöglicht [22].

Bei der Wahl der Schleifscheiben sind auch wirtschaftliche Gründe maßgebend, so daß neben der

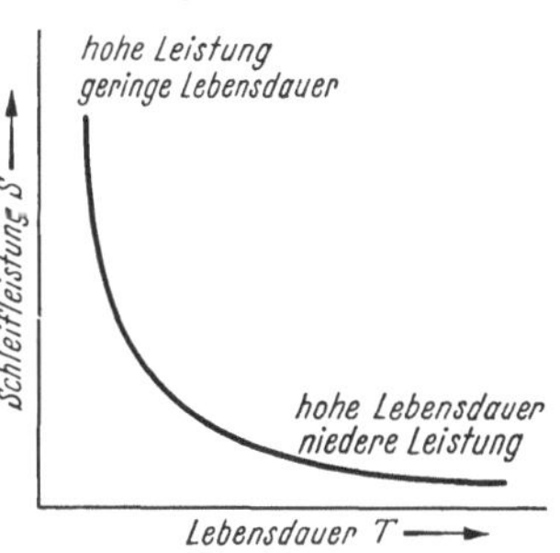

Abb. 34. Zusammenhang zwischen Schleifvermögen E, Schleifleistung S und Lebensdauer T (nach Krug).

Schleifleistung auch die Lebensdauer zu berücksichtigen ist. KRUG [23] untersucht die Zusammenhänge und kommt zu folgendem Ergebnis:

Höchste Leistung kann nur eine weiche Schleifscheibe liefern, höchste Lebensdauer nur eine harte Scheibe besitzen. Eine Schleifscheibe enthält ein durch den derzeitigen Stand der Technik gegebenes festes Schleifvermögen, wobei der Hersteller es so einrichten kann, daß die Schleifscheibe dieses Schleifvermögen zu höheren Schleifleistungen, d. h. in größeren Abschliffmengen in der Zeiteinheit bei verkürzter Lebensdauer oder in kleineren Schleifleistungen bei längerer Lebensdauer abgibt. Dies wird ermöglicht durch die Abänderung der Beanspruchung der Schleifscheibe im Zusammenwirken mit dem Härtegrad. Eine härtere Schleifscheibe besitzt eine höhere Lebensdauer, aber geringere Schleifleistung, eine weichere dagegen zeigt höhere Schleifleistung bei verkürzter Lebensdauer. Das auf die ganze Lebensdauer einer Scheibe bezogene Schleifvermögen sei E in kg Spänen, die Schleifleistung sei S in kg Spänen je min, die Lebensdauer sei T in min, dann ist

$$E = S\,T \ (\text{kg})\,.$$

Das Schleifvermögen ist also das Produkt aus Schleifleistung und Lebensdauer. Diese Beziehung ist in Abb. 34 dargestellt. Die Lebensdauer T einer Schleifscheibe steigt mit der Schleifscheibenhärte H; nehmen wir zwischen beiden Proportionalität an, so ist auch

$$E \approx S\,H\,.$$

Mit zunehmender Härte vermindert sich also bei gleichbleibendem Schleifvermögen E die Schleifleistung S. Gleichzeitig höchste Schleifleistung in der Zeiteinheit und höchste Lebensdauer zu verlangen, ist somit unsachlich.

7.3 Kühlen. Bedingt durch die hohe Schnittkraft entsteht auch beim Schleifen Wärme, in der gleichen Form, wie sie sonst bei der Zerspanung zwischen Werkstück und Werkzeug auftritt. Durch geeignete Kühlmittel muß diese Wärme abgeführt oder durch Schmiermittel ihre Entstehung nach Möglichkeit verhindert werden.

Die an der Schleifscheibe auftretenden Temperaturen können bei Stahl nach Schätzungen 1 500° C erreichen, so daß Stahlspäne glühen und sogar zu kleinen Kugeln zusammenschmelzen können. Hierdurch entstehen Fehler an Werkstücken, die besonders bei gehärteten Stählen, Werkzeug- und Schnellarbeitsstählen sowie bei Hartmetallen zu erheblichen Schädigungen durch vorzeitigen Verschleiß oder Bruch führen können.

Wenn irgend möglich, versucht man der Einfachheit halber mit Trockenschliff auszukommen, wobei jedoch der entstehende Schleifstaub abgesaugt werden muß, da er gesundheitsschädlich ist und außerdem die Maschinenteile verschleißt.

7.31 Trockenschleifen kann man z. B. beim Grobschleifen, Schruppschleifen, Abgraten und Gußputzen. Trocken muß geschliffen werden, wenn der Werkstoff durch das Kühlmittel verändert wird, wie z. B. verschiedene Kunst- und Preßstoffe, Hartpapiere und -gewebe, Holz, Schamotte u. a. Auch einige Schleifkörper selbst erfordern Trockenschleifen, bedingt durch ihren Aufbau als Schleifpapiere und -gewebe.

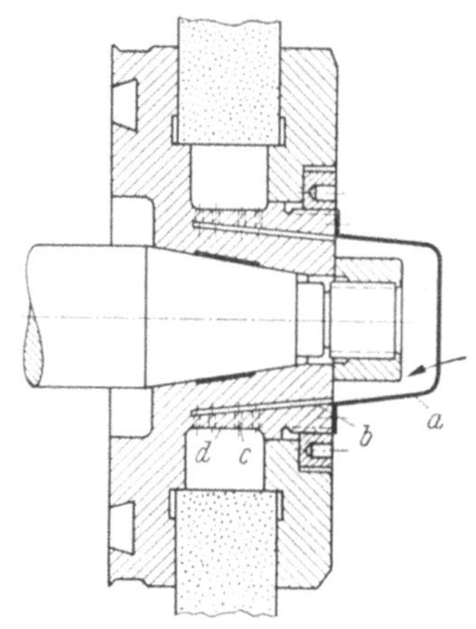

Abb. 35. Schleifscheiben-Spannflansch mit je 15 Ölbohrungen von 1 mm Durchmesser in vier Flanschquerschnitten.
a Trichter, *b* 15 Ölkanäle, *c* 60 Ölbohrungen, *d* Flansch.

Schleifkörper bewirken bei offenem Gefüge eine natürliche oder Eigenkühlung, diese wird beim Flachschleifen auch erreicht durch Schleifsegmente oder Schleifkörper mit Radialnuten.

Luftkühlung durch zusätzlichen Luftstrom kann man ebenfalls anwenden, z. B. beim Schleifen von Graugußzylindern. Der Schleifstaub wird dabei gleichzeitig von der Saugluft mitgenommen.

Reichliche Kühlung ist besonders bei größeren Berührungsflächen zwischen Schleifscheibe und Werkstück erforderlich.

7.32 Kühlen mit Flüssigkeiten. Beim Maß- und Werkzeugschleifen empfiehlt es sich bis auf wenige Ausnahmen (beim Flächenschleifen z. B.), naß zu schleifen unter reichlicher Zufuhr geeigneter Kühlflüssigkeiten. Dadurch erreicht man höhere Schleifleistung, längere Standzeit der Schleifkörper, weniger Schleiffehler (z. B. Weichhaut und Schleifrisse bei gehärteten Stählen) und vermindertes Zusetzen der Schleifkörper.

Als Kühlflüssigkeiten dienen Wasser mit Zusätzen von Soda, verschiedenen Salzen oder Seife, ferner Emulsionen als Mischung mineralischer Öle oder synthetischer Stoffe mit Wasser.

Eine Zusammenstellung der gebräuchlichsten Kühlflüssigkeiten für die wichtigsten Schleifarten findet man in dem AWF-Betriebsblatt Nr. 78 [7] und in dem Werkstattbuch Heft 48 [8].

Die Kühlwirkung einer Flüssigkeit hängt ab von ihrer Wärmeleitfähigkeit, dem Wärmeübergang und dem Benetzungsvermögen. Der Kühlstrahl muß mit geeigneten Düsen unmittelbar an die Schleifstelle geleitet werden, um die gewünschte

Wirkung zu erlangen. Auch der Erneuerung bzw. Reinigung der Kühlmittel durch Einschaltung geeigneter Filter im Kreislauf muß Beachtung geschenkt werden.

Neuerdings werden für Sonderzwecke auch von innen gekühlte Schleifscheiben verwendet. In USA konnten die Schleifleistungen dabei wesentlich gesteigert werden, verglichen mit denen bei Trockenschleifen oder Außenkühlung. Die Innenkühlung wird angewendet bei keramisch-gebundenen Korund- und Siliziumkarbidscheiben mit Korn 36 und Härte J. Nach diesem Verfahren lassen sich Stahl und zähe Nichteisenmetalle schleifen. Untersuchungen von PAHLITZSCH [24] jedoch ließen nur bei einer kombinierten Kühlung, d. h. von innen mit Öl und von außen mit Emulsion oder Wasser, Vorteile erkennen. Die Ersparnisse an Schleifscheibenkosten beim Schleifen und Abrichten sowie an Abrichtdiamanten betrugen etwa 25%.

Abb. 35 zeigt einen Schnitt durch einen Schleifscheibenspannflansch mit je 15 Ölbohrungen von 1 mm $\varnothing$ in vier Flanschquerschnitten für die sog. „Zweistoff-Zweiweg-Kühlung". Die beiden verschiedenen Schleifflüssigkeiten werden hier auf getrennten Wegen der Schleifstelle zugeführt; tangential von außen eine Emulsion in üblicher Menge zur Kühlung und von innen zusätzlich eine geringe Ölmenge von 2 bis 3 g/min zur Schmierung.

8. Schleiffehler.

Unter Schleiffehlern sollen in diesem Zusammenhang alle an Werkstücken durch unsachgemäßes Schleifen entstandenen ungünstigen Beeinflussungen der Oberfläche oder der Festigkeit und Härte verstanden werden. Maßliche Fehler scheiden jedoch bei diesen Betrachtungen aus. Da die oft sehr nachteilige Wirkung der Schleiffehler auf die Haltbarkeit der Werkstücke und Werkzeuge unterschätzt wird, sollen die verschiedenen Arten der Schleiffehler und ihre Auswirkung kurz behandelt werden. Man unterscheidet Schleiffehler, die verursacht werden durch:

1. Schleifkörper a) falsche Wahl,
    b) mangelhaftes Abrichten,
    c) mangelhafte Kühlung,
    d) schlechtes Auswuchten.
2. Schleifmaschine a) schlechte Lagerung der Schleifspindel,
    b) schlechte Verankerung der Maschine.
3. Falsch gewählte Schleifbedingungen, z. B.:
    a) Zustellung,
    b) Schleifgeschwindigkeit,
    c) Tischgeschwindigkeit,
    d) Werkstückgeschwindigkeit.
4. Unzweckmäßige Werkstoffvorbehandlung, z. B.:
    a) Wärmebehandlung,
    b) Oberflächenhärte.

Die genannten Ursachen für Schleiffehler wirken sich besonders beim Schleifen von Bau- und Werkzeugstählen nachteilig aus. Bei fast allen übrigen metallischen und nichtmetallischen Werkstoffen treten keine nennenswerten Schädigungen am Werkstoff ein; jedoch können auch hier Schleifmarken, oft auch Rattermarken genannt, auftreten, sowie Ballig- und Hohlschleifen. *Schleifmarken* sind die beim Schleifen durch Schwingungen oder durch unrunde oder zugesetzte Schleifkörper auf der Oberfläche des Werkstückes entstehenden Schleifspuren und andere Unsauberkeiten in Form von Wolken, Kommastrichen oder anderen Fehlerstellen, die das einwandfreie Schleifbild stören. Die Schleifmarken können sich auch auf der Schleiffläche des Schleifkörpers abzeichnen [1].

Werkstücke aus Stahl sind, besonders nach dem Härten oder Oberflächenhärten an ihren Oberflächen gefährdet durch Weichhaut, Brandflecke (Schleifbrand) und Schleifrisse.

Weich- oder *Schleifhaut* sowie *Brandflecke* oder Schleifbrand verringern nur die Oberflächenhärte an der überschliffenen Außenzone, bedingt durch die Anlaßwirkung der Schleifwärme am Berührungspunkt zwischen Werkstück und Schleifkörper infolge ungenügender Wärmeableitung. Diese Schleiffehler z. B. lassen bei Wellenzapfen oder Zahnflanken rascheren Verschleiß zu und können auch die Dauerschwingfestigkeit vermindern.

Schleifrisse sind Oberflächenzerstörungen an einwandfrei vorbehandelten Werkstücken, meist in Form von haarfeinen Netzrissen. Sie entstehen in der Regel durch übergroße örtliche Erwärmung während des Schleifens.

Abb. 36. Bolzen mit sichtbar gemachten Rattermarken.
3 verschiedene Umfangsgeschwindigkeiten des Werkstücks
(nach *Rotzoll*).

8.1 Schleif- oder Rattermarken werden verursacht durch:

a) Unwucht der Schleifscheibe,

b) Ungleichmäßigkeiten in der Schleifscheibe infolge unterschiedlicher Härte oder nicht einwandfrei arbeitender oder befestigter Abrichtgeräte,

c) Unwucht durch Antriebsmotoren,

d) Eigenschwingungen des umlaufenden Werkstückes, wenn dessen Drehzahl nahe bei der Schleifscheibendrehzahl liegt,

e) Drehschwingungen im Werkstückantrieb.

Schleifmarken gestalten zylindrische Werkstückoberflächen zu Vielecken, die bereits von 0,1 μ Maßabweichung an zu erkennen sind oder durch Anläppen sichtbar gemacht werden können. Sehr viele dicht beieinanderliegende Schleifmarken, bedingt durch kleine Wellenlängen, sind in der Werkstatt als Lamettaschliff bekannt, da die Werkstückoberfläche nicht spiegelblank ist, sondern wie Lametta glitzert.

Abb. 36 zeigt Schleifmarken, verursacht durch Schwingungen der Schleifscheibe; sie wurden sichtbar gemacht durch einen dunkleren Überzug (z. B. Cu-Ausscheidung aus aufgebrachter Kupfervitriollösung) auf die bereits geschliffene Werkstückoberfläche mit anschließendem einmaligem Überschleifen [25].

8.2 Schleifhaut entsteht durch Erhitzen der Oberfläche beim Schleifen von Stahl, wobei eine Verringerung der Oberflächenhärte eintritt. Bei gehärtetem Stahl höheren Kohlenstoffgehaltes, z. B. eutektoidem Stahl, Kugellagerstahl und auch einsatzgehärtetem Stahl kann der Härteabfall auch bei nur sehr geringer Einwirkung der Schleiferhitzung an der Oberfläche eintreten.

Härteprüfungen an Stahl C 85 von Vickershärte 1000, ermittelt mit Kleinlastprüfer bei 50 g Prüflast, ergaben [26]:

Schleifbedingungen	Zustellung mm	Dicke der Schleifhaut mm	Abfall der Vickershärte nach dem Schleifen etwa %
naß geschliffen	0,01	0,01	15
trocken geschliffen	0,01	0,03	15
trocken geschliffen	0,05	2	40

8.3 Schleifrisse sind Spannungsrisse, die meist tiefer in das Werkstück hineinverlaufen, wie Abb. 37 an einem einsatzgehärteten Ritzelzahn zeigt. Nicht nur bei gehärteten und oberflächengehärteten Stählen, sondern auch bei Hartmetallen können Schleifrisse auftreten, wie in Abb. 38 zu erkennen ist. Die meist als Netzwerk oder als Linien etwa senkrecht zur Schleifrichtung verlaufenden Schleifrisse lassen sich oft erst durch das magnetische Risseprüfverfahren oder Ätzen sichtbar machen.

Die Entstehung der Schleifrisse läßt sich mittels eines Schemas, Abb. 39 und 40, erläutern. Bei ungünstigen Schleifbedingungen dehnt sich die überschliffene Stelle des Werkstückes durch Erwärmung aus (Zone $A_1 \ldots A_1$), sie wird nach Überschreiten der Elastizitätsgrenze an der Oberfläche plastisch und kann beim

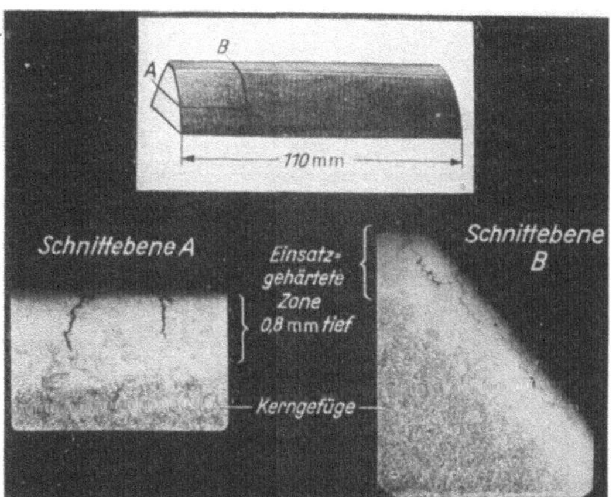

Abb. 37. Schleifrisse an einem Zahn eines Ritzels aus ECN 45 (heute 18 Cr Ni 8, aber andere Zusammensetzung).

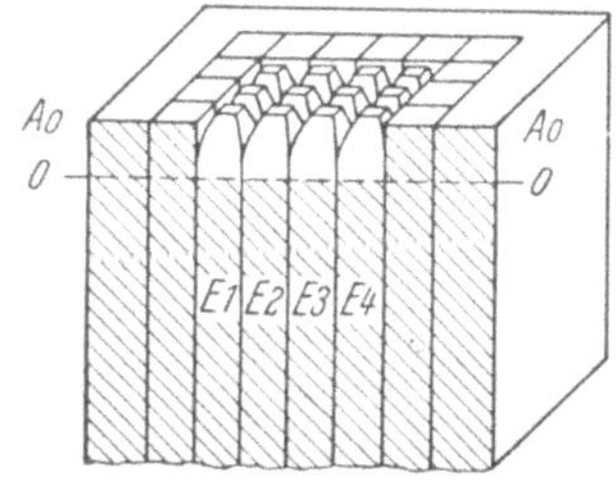

Abb. 39. Schleifrißbildung — schematisch dargestellt an Körperelementen.

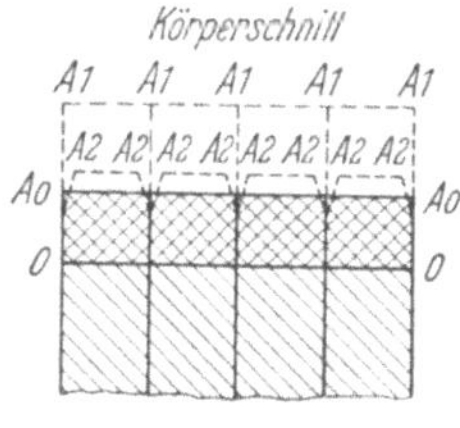

Abb. 38. Schleifrisse an Hartmetall-Schneidplatten.

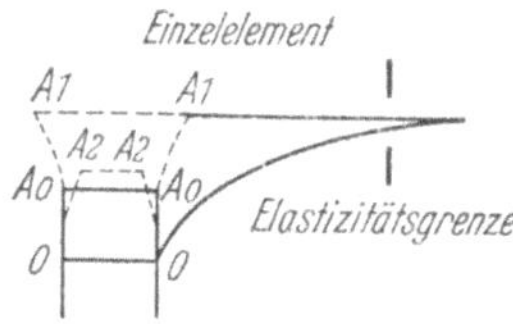

Abb. 40. Schleifrißbildung — schematisch dargestellt an Körperschnitt und Einzelelement.

Abkühlen nach Rückkehr in den elastischen Bereich (Zone $A_2 \ldots A_2$) den ursprünglichen Raum $OA_0 \ldots A_0O$ nicht mehr ausfüllen. Die Oberfläche reißt dann in der Regel netzförmig ein, falls keine zusätzlichen Eigenspannungen eine andere Richtung festlegen.

Bauteile mit Schleifrissen können, besonders bei Wechsel- bzw. Dauerschwingbeanspruchung, bereits bei geringer Belastung zu Bruch gehen [27]. Durch Biegewechselversuche mit Einsatzstahl 15 CrMo 5 (ECMo 80) bzw. 16 MnCr 5 (EC 80) an Flachproben von $15 \times 2,5$ mm Prüfquerschnitt bei 0,5 mm Einsatztiefe, sowie solchen von 38×8 mm Prüfquerschnitt bei 1 mm Einsatztiefe wurde folgender Abfall der Biegewechselfestigkeit vom Verfasser festgestellt: Durch Schleifrisse auf etwa $1/_3$, durch Schleifbrand und Weichhaut auf etwa $2/_3$ bis $1/_2$ des Wertes von einwandfrei geschliffenem bzw. ungeschliffenem einsatzgehärtetem Stahl.

Bei nitrierten Proben gleicher Abmessungen aus CrMoV-Nitrierstahl verringert sich die Biegewechselfestigkeit durch Schleifrisse um $1/_3$.

Oberflächen bei Stählen mit Rockwellhärten HR_C größer als 60 bis 62 werden mit steigender Härte immer schleifempfindlicher, womit sich auch die Schleifrißgefahr erhöht.

Daß die Schleifrißgefahr durch geeignete Wärmebehandlung, z. B. bei gehärtetem Stahl, durch geeignetes Entspannen bei etwa 180° C vermindert werden kann, soll hier nur erwähnt werden [28].

9. Schleifverfahren und Schleifmaschinen [1].

9.1 Rundschleifen ist eines der gebräuchlichsten Fertigbearbeitungsverfahren im Maschinenbau. Neben dem Glätten von Laufflächen dient es auch als sog. Maßschleifen zur Erzielung der erforderlichen Passungen und Lagersitze bei Wellen aller Abmessungen. Die Werkstücke werden hierbei zwischen gut gefetteten, feststehenden Spitzen aufgenommen, besonders wenn hohe Genauigkeit gefordert wird. Längere Wellen werden in der Mitte durch Setzstöcke (Lünetten) gestützt. Die Anzahl der Lünetten richtet sich nach der Schleifbeanspruchung, Länge und Dicke des Werkstückes. Während bei Werkstücken von 15 mm $\varnothing$ in Abständen entsprechend je etwa dem 10-fachen Durchmesser eine Lünette erforderlich ist, braucht man bei 100 mm $\varnothing$ etwa je 3-fachen Durchmesser eine Lünette.

Abb. 41. Universal-Rundschleifmaschine (*Hartex GmbH.*, Berlin-Marienfelde) mit Meß- und Steuereinrichtung System *Grothkopp*.

Die Schleifscheibe muß im Längsschub genau zylindrisch arbeiten und möglichst gleichmäßig abgenutzt werden. Man läßt sie deshalb bei Hubwechsel nur etwa $1/_3$ ihrer Breite über das zu schleifende Werkstückende ablaufen. Auch die Zustellung soll nur bei Anlage der Schleifscheibe erfolgen, da sonst die Kanten mehr beansprucht würden gegenüber der Mitte der Schleiffläche der Schleifscheibe; außerdem würden die geschliffenen Flächen der Werkstücke an den Enden kugelig.

Den besten Schliff erreicht man beim Maschinenschleifen durch Schleifen von Werkstücken, die in einer Aufnahmevorrichtung gehalten oder geführt und zwangsläufig gegen den Schleifkörper gedrückt werden oder bei denen umgekehrt der Schleifkörper zwangsläufig gegen das gehaltene Werkstück geführt wird.

Größtmögliche Schleifgenauigkeit beim Rundschleifen erreicht man mit Schleifmaschinen, bei denen der Werktisch wandert und der Schleifschlitten feststeht. Bei

---

[1] In diesem Kapitel können, um den Rahmen dieses Buches nicht zu sprengen, nur kurze Hinweise auf die mannigfaltigen Fertigungsverfahren gegeben werden, bei denen das Schleifen verwendet wird. Auch ausgeführte Maschinen können nur in geringer Zahl an Bildern gezeigt werden. Dabei sei ausdrücklich bemerkt, daß das Nennen oder Nichtnennen einer Firma oder eines Erzeugnisses in keinem Falle ein Werturteil bedeutet.

den neuen Bauarten dieser Maschinen ist das kräftige, kastenförmige Bett durch zahlreiche Rippen gut versteift. Gehärtete Gleitbahnen verringern den Verschleiß. Tiefe Schwerpunktlage gewährleistet ruhigen und erschütterungsfreien Lauf der bewegten Teile.

Schleifmaschinen für kleinste und größte Abmessungen bis 8000 mm Spitzenweite und 900 mm Schleifscheibendurchmesser werden heute in hoher technischer Vollkommenheit geliefert. Die meist hydraulisch gesteuerten Maschinen sind in Sonderfällen zusätzlich mit selbsttätigen Meßeinrichtungen ausgerüstet. Abb. 41 zeigt eine Universal-Rundschleifmaschine für Längs-, Innen- und Einstechschleifen mit Schleifscheibenbreite bis 60 mm, ausgerüstet mit einer selbsttätigen Außenmeßeinrichtung (Abb. 42), die über 3 Tastdiamanten das jeweilige Durchmessermaß unabhängig vom Meßgefühl des Schleifers anzeigt.

Die in Abb. 43 gezeigte Produktions-Rundschleifmaschine ist mit einer elektrohydraulischen Meß- und Steuereinrichtung ausgerüstet. Hierbei wird völlige Unabhängigkeit vom Schleifer erreicht. Schruppen erfolgt bis zum Vorkontakt,

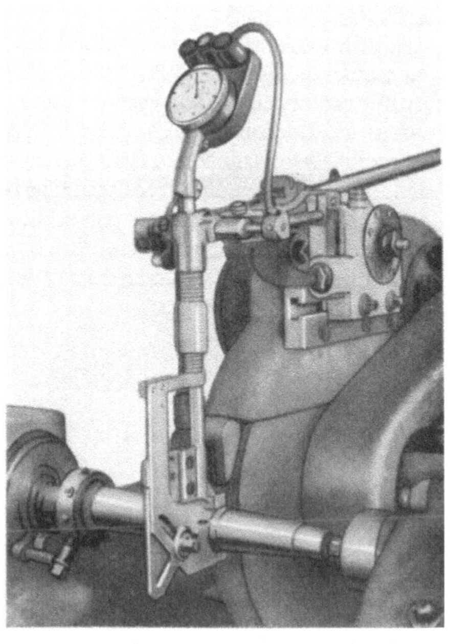

Abb. 42. Schleifmeßvorrichtung mit Kontaktmeßuhr „Supertast".
(*Walter Grothkopp*, Fabrik für automatische Schleif- und Meßvorrichtungen, Berlin-Waidmannslust.)

Feinzustellung bis zum Fertigmeßkontakt mit Relaisabschaltung; Kontrollmöglichkeit ist durch farbige Signallampen und eine Ganguhr gewährleistet.

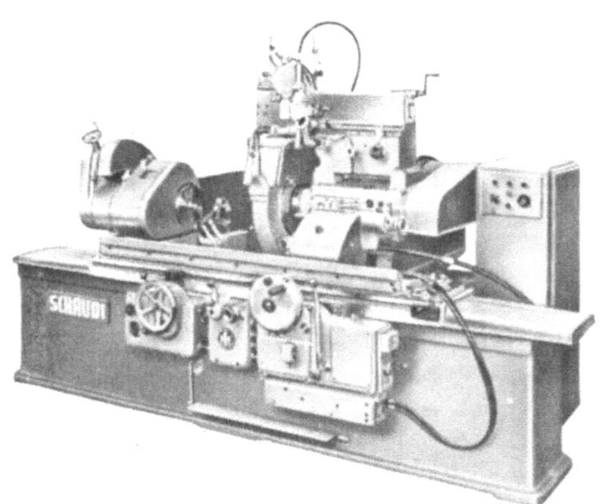

Abb. 43. Schwere Produktions-Rundschleifmaschine.
(*Schaudt Maschinenbau GmbH.*, Stuttgart-Hedelfingen.)

Abb. 44. Support-Schleifeinrichtung.
(*C. u. E. Fein*, Stuttgart.)

Supportschleifeinrichtungen für Drehbänke wie Abb. 44 gestatten vielseitige Verwendungsmöglichkeit. Sie eignen sich für kleine Werkstätten, wenn eine Drehbank zur Aufnahme des Werkstückes vorhanden ist und eine Schleifmaschine nicht ausgenutzt wäre.

9.2 Spitzenloses Schleifen [1]. Beim spitzenlosen Schleifen wird auf Sondermaschinen für Außen- oder Innenrundschliff ohne Verwendung von Körnerspitzen geschliffen. Das Werkstück wird auf einer als Führungssteg ausgebildeten Unterlage zwischen der Schleifscheibe und einer Stützscheibe, die schräg gestellt ist, durch diese axial weitergeschoben Die langsam umlaufende Stützscheibe hindert das Werkstück zugleich an der Drehung durch die Schleifscheibe und heißt daher auch Regelscheibe. Abb. 45 zeigt eine spitzenlose Rundschleifmaschine mit Sondereinrichtungen für automatisches Einstech- und Profilschleifen. Schönheitsschliff und Hochglanzpolitur lassen sich mit der spitzenlosen Rundschleiftechnik besonders wirtschaftlich herstellen.

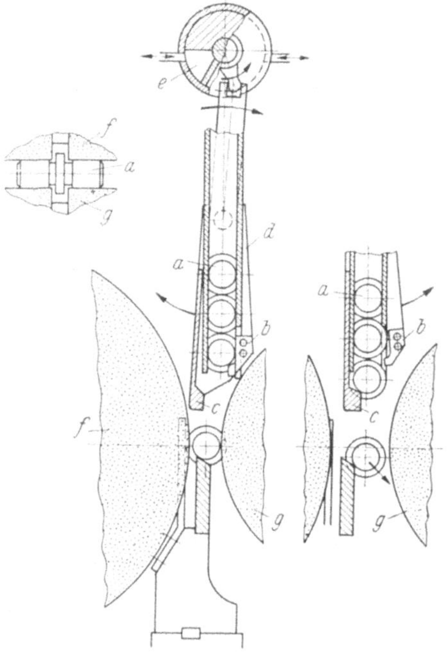

Abb. 46. Bewegungsablauf des Spezialmagazins zum spitzenlosen Rundschleifautomaten. (*Hartex* [2].)

a Werkstück mit Zwischenbund, *b* und *c* Sperrnasen, *d* Pendelstück, *e* hydraulischer Drehmotor, *f* Schleifscheibe, *g* Regelscheibe.

Abb. 45. Spitzenlose Präzisions-Rundschleifmaschine Typ SR 20. (*Herminghausen-Werke GmbH.*, Hannover Wülfel.)

In Abb. 46 ist die Arbeitsweise der Einlageeinrichtung für Bolzen mit Zwischenbund zu einem Rundschleifautomaten wiedergegeben. Durch einen hydraulischen Drehmotor wird das Pendelstück mit den eingelegten Werkstücken so hin- und herbewegt, daß in rechter Stellung eine Sperrnase das Werkstück hält. Beim Vorgehen der Regelscheibe schwenkt das Pendelstück links und das unterste Werkstück fällt in Arbeitsstellung. Die anderen Werkstücke werden von der Sperrnase angehalten. Nach dem Arbeitsgang fällt das Werkstück beim Zurückgehen der Regelscheibe nach unten durch.

9.3 Einstechschleifen. Beim Einstechschleifen wird die ganze Länge bzw. Breite der Schleifstelle durch den entsprechend breiten Schleifkörper mit Vorschub quer zur Schleifkörperachse geschliffen. In manchen Fällen erteilt man der Einstech-

---

[1] Ausführlich behandelt wird das spitzenlose Schleifen in den beiden Werkstattbüchern Heft 97 und 107 [*8*].

[2] Die Firmenbezeichnungen bei den Abbildungen werden nur das erste Mal ausführlich, danach gekürzt wiedergegeben.

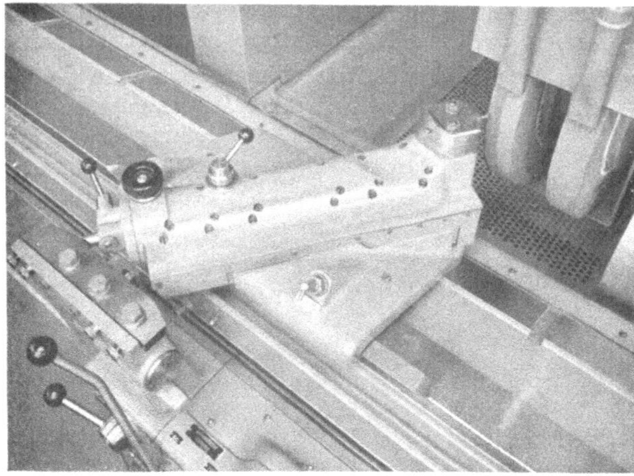

Abb. 47. Nachformabdrehvorrichtung für die Einstechschleifscheibe einer
Rundschleifmaschine.
(*Naxos-Union*,Schleifmittel- und Schleifmaschinenfabrik, Frankfurt/M.)
Unten links das Bezugsformstück für das Profil der Schleifscheibe.

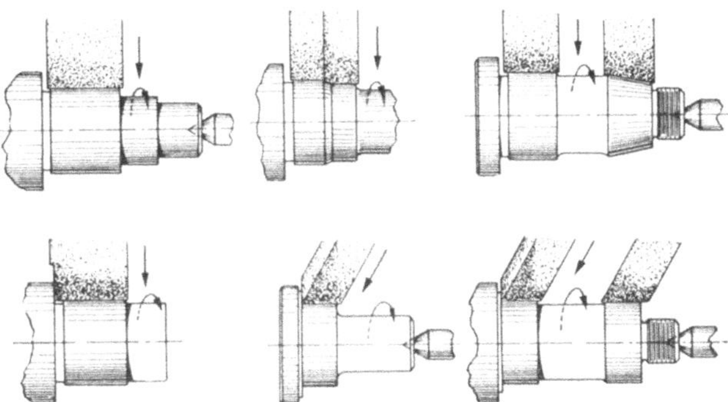

Abb. 48. Arbeitsbeispiele für Einstechschleifen.

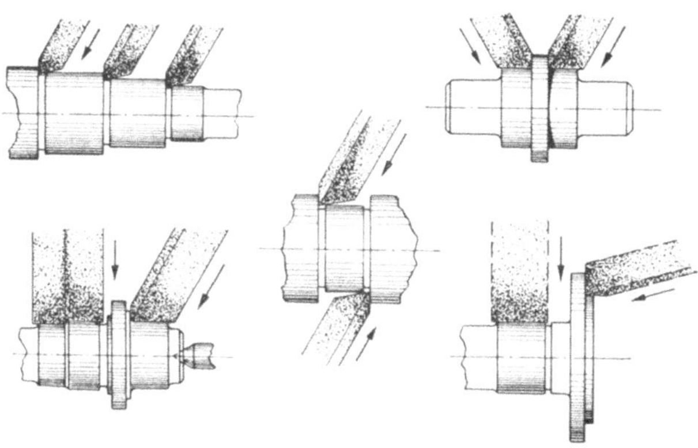

Abb. 49. Einstechschleifen mit mehreren Schleifscheiben gleichzeitig.

schleifscheibe, wenn es sich um rein zylindrische Flächen handelt und eine besonders gute Oberfläche erzielt werden soll, zusätzliche kurze schnelle Axialbewegungen.

Auch auf spitzenlosen Rundschleifmaschinen kann man nach dem Einstechverfahren arbeiten. Der Vorteil des Einstechschleifens liegt in der genauen Formgebung des Werkstückes durch die mit Diamant genau geformte Schleifscheibe und in der Wirtschaftlichkeit dieses Verfahrens.

Abb. 50. Innenschleifmaschine für lange Arbeitsspindeln. (*Schaudt.*)

Rundschleifmaschinen kann man in ihrer Einsatzmöglichkeit erweitern, wenn man eine Nachformabdrehvorrichtung [1] für Einstecharbeiten verwendet, wie Abb. 47 zeigt. Hier wird ein Werkstück mit zwei Schleifscheiben gleichzeitig eingestochen. Der Scheibenabrichter wird hier seitlich angefahren. Zum Abrichten fährt die Schleifscheibe im Eilgang in Endstellung und der Taststift der Nachformabrichtvorrichtung steuert über das unten links sichtbare Bezugsformstück das Abrichten. Diese Vorrichtung läßt sich auch in Verbindung mit selbsttätigen Steuer- und Meßgeräten einsetzen.

Das Einstechschleifen wird am häufigsten zum Bearbeiten einzelner Lagerstellen von Wellen verwandt. Abb. 48 und 49 zeigen Arbeitsbeispiele für das Einstechschleifen, das auch mit mehreren Scheiben gleichzeitig durchgeführt werden kann [29].

Werkstücke mit scharfen Eindrehungen soll man vermeiden, weil die Kante der Schleifscheibe schnell abnutzt. Besser sieht der Konstrukteur an solchen Stellen eine Ausrundung mit möglichst großem Radius oder eine Hinterdrehung vor. Das gilt für alle Schleifarbeiten.

9.4 Innenschleifen verlangt starre Führung der fliegend gelagerten Schleifscheibe. Auch für Werkstücke großer Längen, z. B. lange Arbeitsspindeln, werden neuerdings geeignete Maschinen gebaut. Abb. 50 zeigt eine Innenschleifmaschine mit einem Hohlwerkstücksspindelstock, die die Aufnahme von Werkstücken bis

Abb. 51. Halbselbsttätige Innenschleifmaschine Typ RI. 133 mit Planschleifeinrichtung.
(*Wotanwerke GmbH.*, Düsseldorf-Holthausen.)

Bohrdurchmesserbereich	20 ··· 300 mm
Schleiftiefe	500 mm
Tischgeschwindigkeit, stufenlos	0 ··· 10 m/min
Werkstückspindel, 9-stufig	49 ··· 400 U/min
Antriebsleistung für Tisch	2,2 kW
„ für Schleifspindel	3,3 kW
„ für Werkstück	1,0 kW
„ für Tauchpumpe	0,2 kW

---

[1] „Nachformen" anstelle des entbehrlichen Fremdwortes „Kopieren".

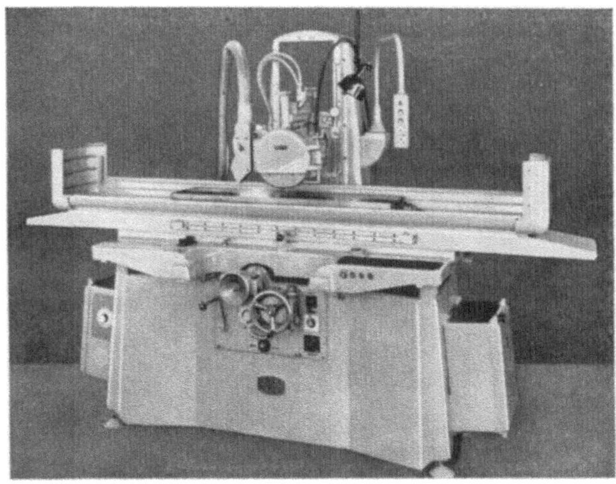

Abb. 52. Waagerecht-Flachschleifmaschine HFS 8 mit automatischem Tiefenvorschub FINI-MATIC. (*Robert Blohm*, Hamburg-Bergedorf.)

Abb. 53. Führungsbahnen-Schleifmaschine für Werkzeugmaschinen (*Friedrich Schmalz GmbH.*, Offenbach.)

Abb. 54. Hydraulische Langtisch-Flachschleifmaschine. (*Diskuswerke.*)

Schleifdurchmesser	600 mm	Schleifbreite	400 mm
Schleiflänge bis	3000 mm	Leistungsbedarf etwa	18,5 kW

3 000 mm Länge zum Innenschleifen ermöglicht. Außer Zylindern können auch Kegel bearbeitet werden. In Abb. 51 ist eine halbselbsttätige Innenschleifmaschine wiedergegeben.

Abb. 55. Doppel-Rundtisch-Flächenschleifmaschine.
(*Albert Strasmann KG.*, Remscheid.)

Durchmesser des Magnettisches   500 mm
Umdrehungen der Tische   75/min
Größte Schleifhöhe   200 mm
Leistungsbedarf für den Spindelstock etwa 6 kW

Abb. 56. Flachschleifautomat mit 2 Schleifwellen und Diskus-Ionic-Steuerung. (*Diskuswerke*.)

9.5 Flachschleifen dient zum Schleifen ebener Flächen durch Umfangs- oder Seitenschliff. Abb. 52 zeigt eine Waagerecht-Flaschschleifmaschine, die mit einer FINI-MATIC-Steuerung von einer Auslösegenauigkeit $1\,\mu$ ausgerüstet ist. Die Führungsbahnen-Schleifmaschine (Abb. 53) mit 4 m Schleiflänge dient vorwiegend zum Schleifen oberflächengehärteter Gleit- und Führungsbahnen von Werkzeugmaschinen. Die Maschine besitzt außer dem Hauptschleifrad von 600 mm Durchmesser auch noch einen Neben- und Seiten-Schleifschlitten für verdeckt liegende Flächen.

Eine Flachschleifmaschine anderer Bauart ist in Abb. 54 dargestellt. Sie ist für 3 000 mm größte Schleiflänge und 400 mm Schleifbreite gebaut.

Zur Verkürzung der Verlustzeiten beim Werkstückwechsel wurde die in Abb. 55 wiedergegebene Doppel-Rundtisch-Flächenschleifmaschine entwickelt. Während auf dem einen Magnettisch die Werkstücke geschliffen werden, wird der zweite entleert und wieder beschickt.

Eine 2-spindelige Rundtisch-Flachschleifmaschine, mit weitgehender Automatisierung zeigt Abb. 56. Die Werkstücke werden auf einem waagerechten Ringstück auf-

gegeben, der gesamte weitere Arbeitsvorgang läuft dann selbsttätig ab. Die beiden senkrechten Spindeln tragen je ein Schleifrad zum Schruppen und Schlichten der Werkstücke.

Auch Vielzweck-Schleifmaschinen sind für manche Werkstätten geeignet. Auf der Maschine Abb. 57 können am gleichen Werkstück in einer Aufspannung sowohl zylindrische als auch ebene Flächen geschliffen werden. Für das Außenrundschleifen, das Innenschleifen und Flachschleifen ist je eine Schleifspindel vorgesehen.

9.6 Sonderschleifmaschinen. Abb. 58 zeigt eine Polygon-Rund- und Profilschleifmaschine, eine Weiterentwicklung der K-Profil-Schleifmaschine von Ernst Krause & Co, Wien. Sie schleift außer zylindrischen Formen auch Querschnittsprofile nach Abb. 59; größter Schleif-Dmr. (bzw. umschriebener Kreis-Dmr.) 110 mm. Abb. 59 zeigt Beispiele von Querschnitten (im Verhältnis zum Kreisquerschnitt dargestellt), die auf der Polygonschleifmaschine Abb. 58 mit Toleranzen bis 0,005 mm geschliffen werden.

Die in Abb. 60 dargestellte Innenkeilnuten-Schleifmaschine schleift Innenkeilnutflanken mit $\pm 8\mu$ Genauigkeit in Bohrungen von 21 bis 120 mm Durchmesser bei größten Keilnutlängen von 185 mm.

Abb. 57. Flach- und Rundschliff zwischen Spitzen ohne Umspannung.
(*Vulkan A.G.*, Köln-Ehrenfeld.)

Abb. 58. Polygon-Rund- und Profilschleifmaschine.
(*Manufacture des Machines du Haut-Rhin*, Mulhouse-Bourtzwiller).

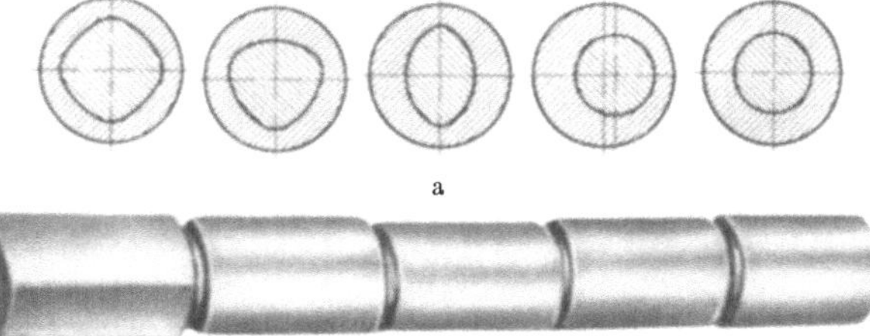

a

b

Abb. 59. Schleifbeispiele zur Polygonschleifmaschine.
a Schleifprobenquerschnitte, b Probenansicht.

9.7 Zahnradschleifen. Besonders einsatzgehärtete Zahn- und Schneckenräder werden meist nach dem Härten geschliffen. Man kann nach 2 Verfahren arbeiten:

9.71 Wälzschleifen: Stirn- und Schraubenräder werden mit Doppelkegelscheibe von 200 bis 350 mm Durchmesser (z. B. KOLB) oder mit 2 Tellerscheiben von 200 bis 250 mm Durchmesser (z. B. MAAG) im Teilverfahren geschliffen. Abb. 61 zeigt eine MAAG-Zahnradschleifmaschine für Stirn- oder Schraubenräder bis 600 mm Außendurchmesser mit Vorrichtung zum Schleifen von Kopf- und Fußkorrekturen am Zahnprofil.

9.72 Das Formschleifen arbeitet rein nach dem Teilverfahren mit Schleifscheibendurchmessern von 200 bis 250 mm (z. B. SCHAUDT).

9.8 Gewindeschleifen. Gewinde höchster Genauigkeit erreicht man durch Schleifen. Abb. 62 zeigt eine Gewinde-Schleifmaschine.

9.9 Band- oder Kontaktschleifen. Unter Bandschleifen versteht man das Schleifen mit endlosen, kraftbetriebenen Schleifbändern. Dabei werden die Werkstücke gegen ein freilaufendes Band aus Papier, Gewebe oder in Sonderfällen auch Leder mit fest aufgeklebten Schleifkörnern gehalten. Bisweilen nennt man das Verfahren auch Kontaktschleifverfahren.

Abb. 60. Innenkeilnutenschleifmaschine.
(*Adolf Saurer A.G.*, Arben/Schweiz.)

Wird das Schleifmittel auf endlose Bänder *aufgestrichen*, spricht man von „Bandpolieren", jedoch poliert man auch mit schleifmittel*beklebten* Bändern. Das Bandschleifen wird in USA schon lange und in größerem Umfange angewendet, während es in Deutschland erst nach 1945 weiterentwickelt wurde.

Beim Bandschleifen wird das Band im allgemeinen von zwei Scheiben geführt, die es gleichzeitig spannen und von denen eine angetrieben wird. Die Art der Bandunterstützung (Abb. 63) kennzeichnet die einzelnen Verfahren [*30*]. Das Schleifband wird unterstützt durch:

a) eine ebene Platte,

b) eine Platte und ein mitlaufendes quergerilltes Gummiband,

c) eine Vielzahl kleiner Rollen und ein umlaufendes Gummiband,

Abb. 61. Zahnradschleifmaschine Type HSS-60-B für Stirn- oder Schraubenräder. (*Maag*, Zürich.)

d) eine mehr oder weniger nachgiebige Scheibe,

e) Unterstützung des freilaufenden Schleifbandes durch den entsprechend geschützten Finger des Schleifers.

Die Tabelle 4, Seite 44 enthält Einzelheiten über Schleifbedingungen für die verschiedensten Werkstoffe beim Bandschleifen. Wesentlichen Einfluß hat die Gestaltung der Kontaktscheiben, deren Entwicklung auch in Deutschland zu einem gewissen Abschluß gekommen ist [31], ebenso wie die der Schleifbandunterlagen. Auch die Bandschleifmaschinen sind entsprechend ihrem Verwendungszwecke sehr vielseitig. Abb. 64 zeigt eine zum Bandschleifen eingerichtete doppelseitige Schleifmaschine mit 2 Motoren und 6 Drehzahlbereichen. Für Schönheitsschliff von Massenteilen baut man auch mehrspindlige Bandschleifmaschinen.

9.10 Tauchschleifen. Neuerdings besteht die Möglichkeit, beliebig geformte, kleinere Teile, z. B. Bestecke, unabhängig von dem persönlichen Geschick des Schleifers mit einem Schönheitsschliff zu versehen. Bei einer halbselbsttätig arbeitenden sog. Tauchschleifmaschine sind mehrere Schwenkarme auf einem runden Fundament in einem abgedeckten Gehäuse angeordnet, wie in Abb. 65 zu erkennen.

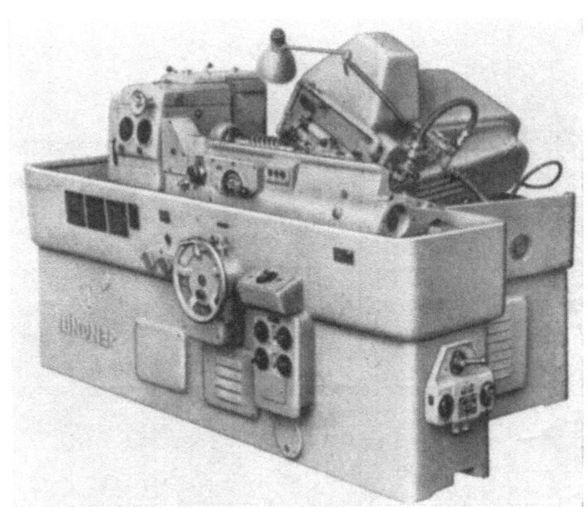

Abb. 62. Gewinde-Schleifmaschine.
(*Herbert Lindner GmbH.*, Berlin-Wittenau.)

Schwenkbarkeit des Schleiftisches   10°—0°—10°,
    ,,   des Schleifspindelstockes   30°—0°—30°
Größte schleifbare Steigung   60 mm.

Die zu schleifenden Werkstücke werden nach Einspannen in der Spannvorrichtung in die rotierende und mit losem Schleifmittel arbeitende Schleiftrommel (Abb. 66) geschwenkt. Das Schleifmittel bestreicht dann ähnlich wie eine Flüssigkeit die zu schleifenden Gegenstände, je nach deren Form kommt es hinter diesen zur Wirbelbildung. Die von der Württembergischen Metallwarenfabrik entwickelte und ihr patentierte Maschine besitzt bei einem gemeinsamen Antrieb gleichzeitig 12 Schwenkarmpaare, entsprechend 24 Schleifstellen [32].

9.11 Trennschleifen. Beim Trennschleifen werden Werkstoffe mit einer dünnen Schleifscheibe hoher Drehzahl und großem Vorschub durchgeschnitten. Das Verfahren eignet sich besonders für das Ablängen von runden, prismatischen und Profilquerschnitten sowie Rohren aller metallischen Werkstoffe kleiner und mittlerer Querschnitte (bis etwa 100 mm $\varnothing$). Die Schnitte werden glatt

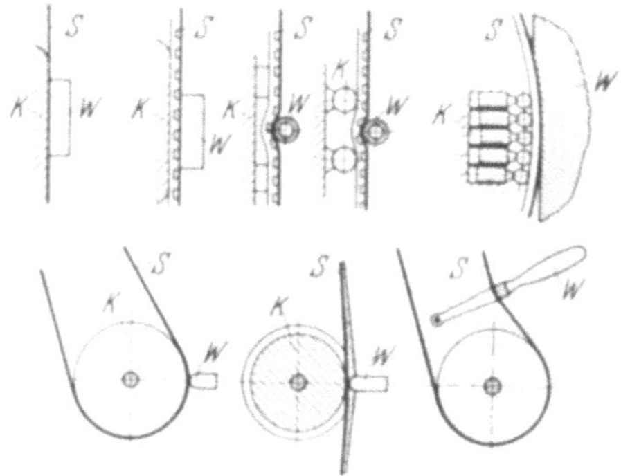

Abb. 63. Bandschleifen-Prinzipskizze zu den Verfahren (nach *Pahlitzsch* [30]).
K Stützelement, *S* Schleifband, *W* Werkstück.

und maßhaltig, jedoch an den Trennflächen etwas erhitzt, wenn nicht reichlich gekühlt und langsam zugestellt wird.

Die Trennscheiben bestehen meist aus Korund, Elektrokorund oder Siliziumkarbid mit vegetabiler Bindung, der Durchmesser beträgt 300 bis 400 mm, die Dicke

Tabelle 4. *Empfehlungen für das Bandschleifen (nach Pahlitzsch [30]).*
K = Korund, SiC = Siliziumkarbid

Werkstückstoff		Form der zu schleifenden Fläche	Stützscheibe oder Stützplatte	Korn-unterlage	Korn-art	Korngröße nach USA-Gewebe-Nr.			Band-geschwin-digkeit [m/s]	Hilfsmittel	Anpreßdruck
						Vor-schliff	Zwischen-schliff	Fertig-schliff			
Stahl	hart	eben bzw. schwach profil.	Platte	Gewebe	K	50—80	—	180 oder feiner	13—18		hoch
		eben (Flachstahl)		Papier mit Leimbindung	K	60—100	—	150—220		Außer bei Leimbindung: Bohröl in Wasser 1:20 (für gehärt. Stahl) 1:30 (f. ungeh. Stahl)	bei neuem B. 0,56 kg/cm² bei altem Bd. 1,76 kg/cm²
		zyl. od. profil. (seltener eben)	Scheibe	Gewebe	K	24—60	80, 100 od. 120	180—240	35—38		
	weich	eben bzw. schwach profil.	Platte	Gewebe	K	36—60	—	180 oder feiner	18	z. Fertigschleifen Talg oder sonstig. Schleiffett	
		eben (Flachstahl)		Papier mit Leimbindung	K	60—100	—	150—220			
		zyl. od. profi. (seltener eben)	Scheibe	Gewebe	K	24—60	80, 100 od. 120	180—240	33—35		
	nicht rostend	eben Bandst. und St.-Blech)		Papier mit Leimbindung	K K SiC	60—100 60—100	— — —	150—220 100—400	23	Schneidöl	
Gußeisen		eben bzw. schwach profil.	Platte	Gewebe	SiC	24—36	—	60—80	13—18	rein. Wass. m. auf 100 l rd. 750 g Trinatriumphosphat u. rd. 20 g Natriumnitrit (zum Rostschutz) notf. reines Wasser allein	← bei neuem Bd. 0,56 kg/cm² bei altem Bd. 1,76 kg/cm²
		zyl. od. profil. (seltener eben)	Scheibe	Gewebe	SiC				33		
Blei		eben bzw. schwach profil.	Platte	Gewebe	SiC	60—80	—	120—180	13	Bohröl in Wasser 1:40	sehr niedrig
		zyl. od. profil. (seltener eben)	Scheibe	Gewebe	SiC	24—36	50—80	100—240	35—38		
Kupfer		eben bzw. schwach profil.	Platte	Gewebe	SiC	60—80	—	120—180	13	Bohröl in Wasser 1:40 bis 1:80	sehr niedrig
		zyl. od. profil. (seltener eben)	Scheibe	Gewebe	SiC	24—36	50—80	100—240	35—38		

Messing	eben bzw. schwach profil.	Platte	Gewebe	SiC	36—80	—	120—180	23—25		niedrig
	zyl. od. profil. (seltener eben)	Scheibe	Gewebe	SiC	24—36	50—80	100—240	35—38		
Bronze		Scheibe		K				15—30		
Monelmetall		Scheibe						23		
Aluminium	eben bzw. schwach profil.	Platte	Gewebe	SiC	36—80	—	120—180	23—25	Bohröl in Wasser 1:40	niedrig
	zyl. od. profil. (seltener eben)	Scheibe	Gewebe	SiC	24—36	50—80	100—240	5—38	Schneidöl (ohne Wasser) oder auch Bohröl in Wasser 1:40	
Magnesium			Gewebe	SiC					leichtes Schleiföl oder Leuchtpetroleum niemals wasserhaltige Flüssigkeit)	
Preßstoff	eben bzw. schwach profil.	Platte	Gewebe	SiC	80—120		320	13—18	reines Wasser (best. Preßstoffe aber auch ohne jedes Hilfsmittel)	niedrig
	zyl. od. profil. seltener eben)	Scheibe	Gewebe	SiC						
Glas u. Keramik	eben bzw. schwach profil.	Platte	Gewebe	SiC	36—80		180—320	13—18	reines Wasser	niedrig

3 bis 5 mm, sie laufen mit hohen Umfangsgeschwindigkeiten:

Bakelitgebundene Trennscheiben 50 bis 60 m/s
gummigebundene Trennscheiben 35 bis 60 m/s
metallgebundene Trennscheiben 18 bis 25 m/s.

Von besonderem Vorteil ist es, daß man durch Trennschleifen auch gehärteten Stahl und selbst Hartmetall, dieses mit Trennscheiben aus Metall, die Diamantkorn enthalten [1], durchschneiden kann.

Trennschleifmaschinen werden in verschiedenen, dem Zwecke angepaßten Ausführungen geliefert. Beispiel Abb. 67 [33].

9.12 Werkzeugschleifen[2]. Beim Werkzeugschleifen sind die Forderungen an die Schleifmittel außerordentlich vielseitig. Während in den Anfängen des Maschinenbaues bis zur Zeit der beginnenden Verwendung von Schnellstahl- und Hartmetall-Werkzeugen das Freihandschleifen üblich war, ist die neuzeitliche Bearbeitung genötigt, die Werkzeuge nicht nur scharf sondern auch maßgerecht zu schleifen. Denn nur das Einhalten erprobter Keil-, Spitzen- und Spanwinkel gewährleistet gleich-

---

[1] Hergestellt z. B. von Fa. Ernst Winter & Sohn, Hamburg 19.
[2] Auf dieses besonders wichtige Gebiet der Schleiftechnik wird hier nur kurz eingegangen, da es in einem besonderen Werkstattbuch (Heft 94) ausführlich behandelt ist [8].

bleibende Schnittleistung und Oberflächengüte der bearbeiteten Werkstücke. In der neuzeitlichen Fertigung überträgt man das Schärfen und Nacharbeiten aller

Abb. 64. Doppelseitige Schleifmaschine mit 2 Motoren und 6 Drehzahlen, eingerichtet zum Bandschleifen (nach *O. Schleppi*, Metalloberfläche 1952).

Werkzeuge besonders ausgebildeten Fachleuten in einer zentralen Werkzeugschleiferei, die mit den Werkzeugschleifmaschinen, Meßgeräten und sonstigen Einrichtungen zur Instandhaltung und Pflege der Werkzeuge versehen ist.

Die Wahl der Schleifmittel richtet sich nach der Form und dem Werkstoff des Werkzeuges. Einfache Kohlenstoffstähle sowie niedrig legierte Werkzeugstähle sind sehr empfindlich gegen Erwärmung beim Schleifen, da sich bereits von 200° C an Anlaßwirkungen bemerkbar machen. Je höher der Stahl legiert und je härter er ist, um so schleifempfindlicher ist er auch. Als einfaches Mittel zur ungefähren

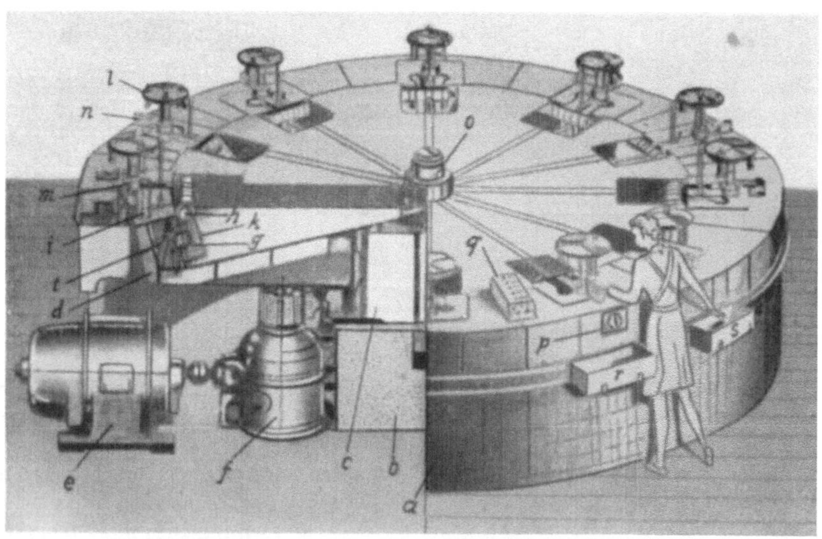

Abb. 65. Tauchschleifmaschine mit selbsttätiger Beschickung.
(*Württembergische Metallwarenfabrik*, Geislingen/Steige.)

a Fundament aus Eisenbeton für Schleifaggregate, *b* Fundament aus Eisenbeton für Spurzapfen, *c* Lagerzapfen, *d* Trommel, 12-teilig, aus Silumin (Drehzahl 75 U/min), *e* Antriebsmotor **120 kW**, *f* Kegelradgetriebe, *g* Schwenkarm (linker Schwenkarm für Vorschliff, rechter Schwenkarm für Fertigschliff), *h* Hydraulischer Drehzylinder für das Einschwenken der Schwenkarme, *i* Hydraulischer Spannzylinder, *k* Spannklaue, die in der oberen Lage des Schwenkarmes in den Spannzylinder *i* eingreift, *l* Automatischer Einleger (er erfaßt mit seinen drei Zangen den neu eingelegten ungeschliffenen Löffel, den halbgeschliffenen und den fertiggeschliffenen und bringt sie durch eine Drehung um 120° im Uhrzeigersinn in die nächste Lage, so daß der fertiggeschliffene Löffel in die Einlegevorrichtung abgelegt wird. Vor dem Einlegen eines neuen Löffels wird er entnommen und in den Transportkasten *s* abgelegt), *m* Hydraulischer Dreh- und Hubzylinder für Einleger, *n* Einlegevorrichtung, *o* Zentralgetriebe (von ihm erfolgt der Antrieb des Spannkopfes über Welle, Schnecke und Kegelräder), *p* Steuergehäuse (an ihm können die Lage der Löffel im Schleifmittel beobachtet und die Stillstandlagen der Löffel eingestellt werden), *q* Druckknopftafel zeigt durch Aufleuchten von Glimmlampen den jeweiligen Arbeitstakt an, *r* Transportkasten für rohe Löffel, *s* Transportkasten für geschliffene Löffel, *t* Schleifmittel.

Beurteilung der Stahlzusammensetzung sei die sog. Schleiffunkenprobe erwähnt, die Geübten rasche und sehr gute Dienste leisten kann. Sie wird im Werkstattbuch Heft 94 [*8*] erläutert und auch in neueren Untersuchungen behandelt [*34*].

Schnellarbeitsstähle sind bis etwa 500° C anlaßbeständig, sie sind jedoch rißempfindlicher als niedrig legierte Werkzeugstähle. Starke örtliche Erhitzung beim Schleifen kann daher zu Rissen führen, besonders wenn die erhitzte Schneide zur Abkühlung in kaltes Wasser getaucht wird.

Hartmetalle lassen sich wegen ihrer außerordentlich hohen Härte und Verschleißfestigkeit nur mit Siliziumkarbid-, Borkarbid- oder Diamantschleifscheiben bearbeiten. Die MOHS-Härte beträgt bei Hartmetall: harte Sorten 9,3 und weiche Sorten 9,2, Siliziumkarbid 9,5 und Borkarbid 9,6. Hartmetalle sind sehr schleifempfindlich wegen ihrer schlechten Wärmeleitfähigkeit und der unterschiedlichen Wärmeausdehnung zwischen Bindemetall und den eingesinterten Karbiden. Abb. 38 (S. 33) zeigt, daß auch bei Hartmetallen Schleif- bzw. Spannungsrisse, allerdings in äußerst feiner Verteilung, entstehen können; auch dieses feine Netzwerk führt zum Ausbröckeln der Schneidkanten oder Bruch der Schneidplatten. Erfahrungsgemäß schleift man Hartmetall bei großen Querschnitten naß, bei kleinen zweckmäßiger trocken (vgl. AWF-Betriebsblatt Nr. 77 [*7*] und Werkstattbuch Heft 62 [*8*]). Beim Naßschleifen ist die Gefahr der Erhitzung geringer, jedoch muß ein stets gleichmäßig fließender Wasserstrahl unmittelbar an die Schleifstelle geleitet werden. Deshalb ist bei der Wahl der Schleifbedingungen die verschiedene Schleifempfindlichkeit der einzelnen Hartmetallsorten zu beachten, denn die Wärmeleitfähigkeit der einzelnen Sorten ist sehr unterschiedlich. Sie beträgt z. B. bei Sorte G 1 etwa das Vierfache wie bei der Sorte F 1. DAWIHL stellte die in Tabelle 5 angegebene Reihenfolge der Schleifempfindlichkeit für die wichtigsten Hartmetallsorten zusammen.

Das Schleifen mit Diamantschleifscheiben kann vorteilhaft sein wegen der größeren Schleifleistung, die bestimmt wird durch die Art des Diamantstaubes, seine Körnung und Dichte und durch das Bindemittel. Die Körnung ist genormt nach DIN 848. Bindemittel sind Kunstharz, Bronze, Stahl und Hartmetall. Neuere

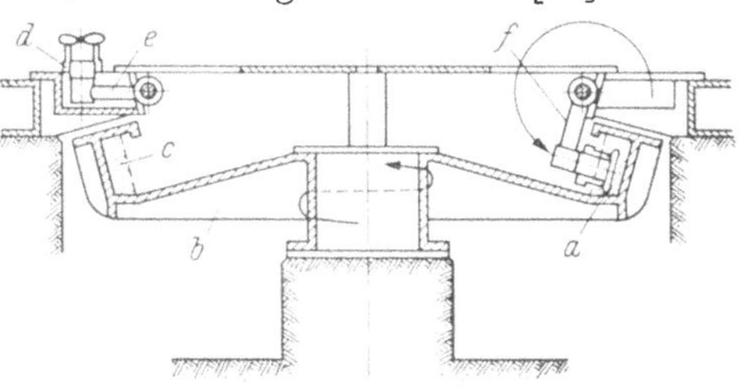

Abb. 66. Prinzip der Tauchschleifmaschine.
a Werkstück, *b* Schleiftrommel, *c* Schleifmittel, *d* Spannvorrichtung, *e* Schwenkarm zum Werkstückwechsel, ausgefahren, *f* Schwenkarm in Arbeitsstellung.

Abb. 67. Trennschleifmaschine.
(*Wilhelm Scholle*, Düsseldorf.)

Tabelle 5. *Schleifempfindlichkeit der wichtigsten Hartmetallsorten.*

Lfd. Nr.	Hartmetallsorte	Wertungszahl der Schleifempfindlichkeit
1	G 2	2
2	G 1	1
3	H 1	1
4	H 2	größer als für H 1
5	S 3	2
6	S 2	6
7	S 1	7
8	F 1	10

Untersuchungen ergaben, daß beim Schleifen mit der Diamantschleifscheibe der wertmäßige Schleifscheibenverbrauch größer ist als bei der Verwendung von Siliziumkarbidschleifscheiben, trotzdem erschienen bei Vergleichsversuchen die Diamantschleifscheiben wirtschaftlicher, da hier die zeitabhängigen Schleifkosten (Standzeit, Löhne) günstiger sind [35]. Naßschleifen mit Diamantschleifscheiben verringert den Schleifscheibenverbrauch sowie die zeitabhängigen Kosten.

Die Werkzeugschleifmaschinen müssen möglichst universell sein und vielseitige Aufnahme- bzw. Aufspannvorrichtungen besitzen. Abb. 68 zeigt eine derartige Universal-Werkzeugschleifmaschine.

Auch Profilschleifmaschinen, die nach Schablonen arbeiten, wie die in Abb. 69 gezeigte Maschine, werden zum Schleifen von Formstählen, mehrteiligen Matrizen und Profil-

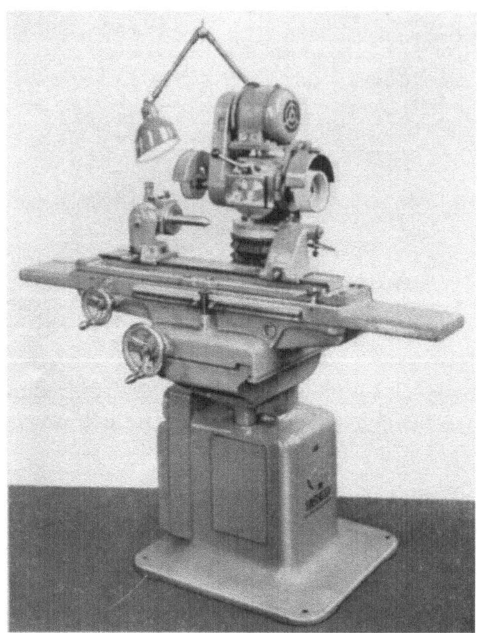

Abb. 68. Universal-Werkzeugschleifmaschine.
(*Ludwig Loewe & Co A.G.*, Berlin.)

Abb. 69. Profilschleifmaschine PSM 130 (*Fritz Studer*,
Glockenthal-Thun, Schweiz.)

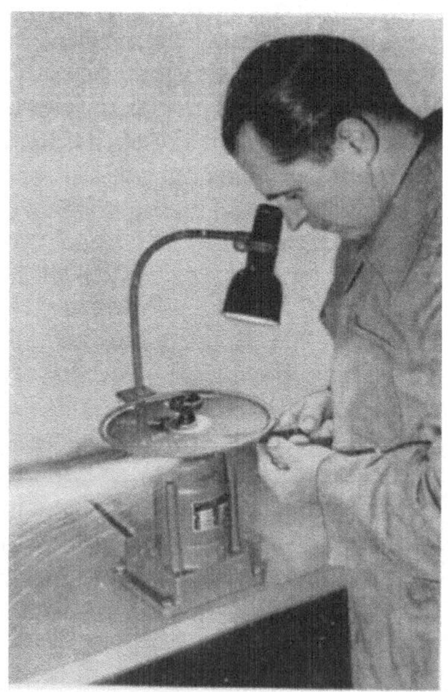

Abb. 70. Sicht-Schleifen eines Meißels.
(*H. Stephan & Söhne*, Hameln/Weser,
und *Vereinigte Schmirgel- und Maschinen-
fabriken A.G.*, Hannover-Hainholz.)

lehren verwendet. Bei der genannten Maschine werden die Bewegungen eines um seine Spitze schwenkbaren Tasters durch Pantograph und Parallelogrammgestänge auf eine um ihre äußerste Kante schwenkbare Schleifscheibe übertragen. Nach

Abdrehen der Schleifscheibe im Größenverhältnis von Arbeitsstück zur Schablone auf das genaue Profil des Tasters wird der Taster an einer in geeignetem Maßstab vergrößerten Schablone entlanggeführt. Je nach der Schablonenform wird ein passender Taster gewählt. Der Pantograph kann für jedes beliebige Verhältnis eingestellt werden.

Für Freihandschleifen werden neuerdings Schleifscheiben angeboten, die ein sog. Sicht-Schleifen ermöglichen. Hierbei kann der Abschliff des Werkstückes beobachtet werden, während sich die Schleifscheibe dreht, denn die waagerecht umlaufende, meist dünne Schleifscheibe hat mehrere radial verlaufende Langlöcher und Schlitze am Umfang. Das Werkstück wird von unten gegen die mit etwa 30 m/s umlaufende Schleifscheibe gehalten, wie in Abb. 70 zu erkennen ist. Die Maschinen besitzen zur besseren Sicht eine Sonderleuchte.

9.13 Das Schleifen nichtmetallischer Werkstoffe wird in diesem Buche nicht näher behandelt, es kann nur ein Hinweis auf das Schrifttum [2, *36*] gegeben werden.

9.14 Unfallschutz. Schon in den Abschn. 6.4 (S. 17) und 6.71 (S. 22) wurde auf die Unfallverhütungsvorschriften (UVV) hingewiesen. So wichtig der Unfallschutz ist, der begrenzte Umfang dieses Buches gestattet nicht, näher darauf einzugehen. Es kann nur auf einiges Schrifttum hingewiesen werden [*37, 38, 39*].

10. Feinbearbeitung und Oberflächengüte.

In dem Abschnitt Feinbearbeitung sollen die Schleifverfahren zusammengefaßt werden, die über den Schleifvorgang hinausgehend eine weitere Oberflächenverbesserung hervorrufen. Nach der spanabhebenden Bearbeitung, zu der auch das Schleifen gehört, erfordern viele Bauteile noch eine zusätzliche Feinbearbeitung zur Erzielung einer besonderen Maßgenauigkeit, Formgenauigkeit, Oberflächengenauigkeit. Die Veränderung der Werkstückabmessungen ist bei Feinbearbeitung naturgemäß sehr gering. Daher kann eine sehr enge Maßtoleranz verhältnismäßig leicht eingehalten werden. Man kann erfahrungsgemäß nach Zeit arbeiten, d. h. eine bestimmte Maßänderung wird in bestimmter Zeit erreicht.

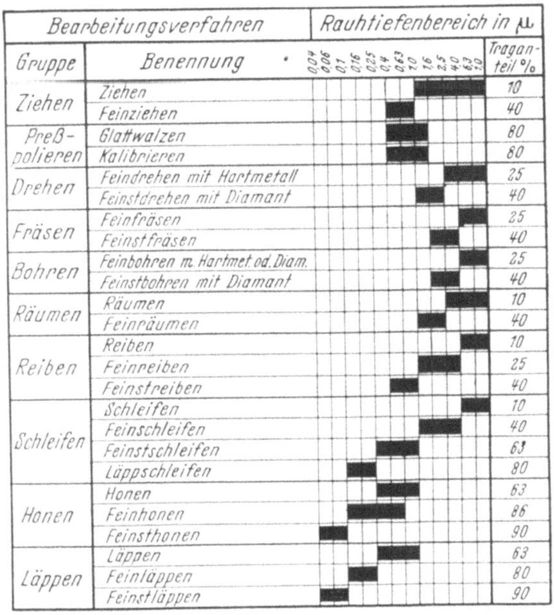

Nach OPITZ ist bei der Feinbearbeitung zu unterscheiden zwischen den Verfahren der Gruppe „Glänzen" und „Maßglätten" [*40*]. Beim *Glänzen* soll lediglich das Oberflächenaussehen verbessert werden; beim *Maßglätten* (vgl. Abschn. 11.1, Seite 54) sind neben der Verringerung der Rauhtiefe auch besondere Anforderungen an die Form- und Maßgenauigkeit zu erfüllen. Abb. 71 zeigt eine Übersicht (nach VON WEINGRABER)

Bearbeitungsverfahren		Rauhtiefenbereich in μ	Tragan-teil %
Gruppe	Benennung	(0,04 0,06 0,1 0,16 0,25 0,4 0,63 1,0 1,6 2,5 4,0 6,3 1,0)	
Ziehen	Ziehen		10
	Feinziehen		40
Preß-polieren	Glattwalzen		80
	Kalibrieren		80
Drehen	Feindrehen mit Hartmetall		25
	Feinstdrehen mit Diamant		40
Fräsen	Feinfräsen		25
	Feinstfräsen		40
Bohren	Feinbohren m. Hartmet. od. Diam.		25
	Feinstbohren mit Diamant		40
Räumen	Räumen		10
	Feinräumen		40
Reiben	Reiben		10
	Feinreiben		25
	Feinstreiben		40
Schleifen	Schleifen		10
	Feinschleifen		40
	Feinstschleifen		63
	Läppschleifen		80
Honen	Honen		63
	Feinhonen		86
	Feinsthonen		90
Läppen	Läppen		63
	Feinläppen		80
	Feinstläppen		90

Abb. 71. Feinbearbeitungsverfahren und Oberflächengüte (nach *von Weingraber*).

der mit verschiedenen Feinbearbeitungsverfahren erreichbaren Oberflächengüten (Rauhtiefenbereich und Traganteil). Danach ist die Rauhtiefe bei spanabhebenden Bearbeitungsverfahren mit geometrisch festgelegter Schneide mit Ausnahme des Feinstreibens größer als 1 μ. Der Bereich unter 1 μ Rauhtiefe wird von Verfahren erreicht, bei denen die Schneidenform nicht geometrisch festliegt (Schneidkorn) sowie von umformenden und abtragenden Verfahren. Beim Feinbearbeitungs-, Hon- und Läppverfahren wird ein besonders guter Traganteil erreicht.

Die Anwendbarkeit der Verfahren hängt von der Werkstückform ab. Abb. 72 gibt eine Zuordnung der einzelnen Verfahren zu den praktisch auftretenden Werkstückformen nach einer Zusammenstellung von OPITZ. Die Grundformen sind hierbei Zylinder, Ebene, Kegel und deren Verbindungen, z. B.

Legende zu Abb. 72: *Verfahren* — *möglich* = ■, *bed. möglich* = ▨. Spalten 1–13: *Bearbeitung der Werkstückformen*; Spalten 14–15: *Verbesserung der Werkstückformen* (*Feingestalt*, *Grobgestalt*).

Verfahren	1	2	3	4	5	6	7	8	9	10	11	12	13	Feingestalt	Grobgestalt
Kalibrieren	■			■					▨					■	▨
Glattwalzen	■	■	■	▨	▨	▨					▨	■	■	■	▨
Ziehen	■					■	■	■	■					■	■
Drehen	■	■	■	■	■	■				■	■		■	■	■
Fräsen	▨	▨	▨	▨		■	■	■			▨		■	■	■
Bohren				■	■									■	■
Räumen	▨			■		▨	■	■					▨	■	■
Reiben				■	■									■	■
Schaben				■	■	■	■	■				■		■	▨
Schleifen	■	■	■	■	■	■	■	■		■	■	■	■	■	■
Honen (Feinh.)	■	■	■	■	■	■			■		▨			■	■
Läppen	■	■	■	■	■	■				■		■		■	■
Druckstr. Läpp.	■	■	■	▨		■	■	■				■		■	
Tauchläppen	▨	▨				■							▨	■	
Elektr. Polier.	■	■	■	■	■	■	■	■	■	■	■	■	■	■	

Abb. 72. Die Möglichkeiten der Feinbearbeitung bei verschiedenen Werkstückformen (nach *Opitz*).

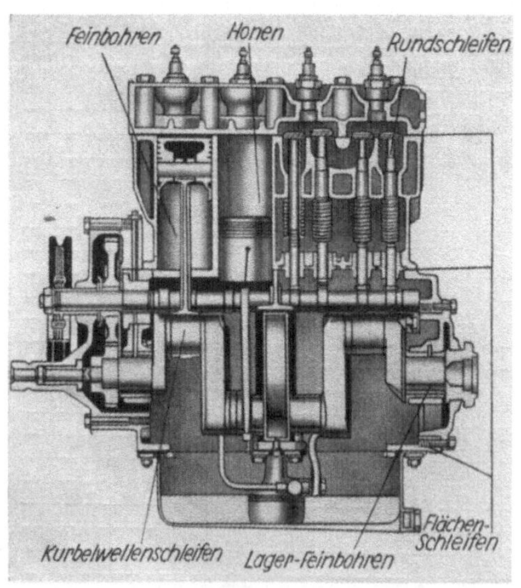

Abb. 73. Schnitt durch einen Fahrzeugmotor mit Angabe der Bearbeitungsstellen. (*Friedrich Schmalz*.)

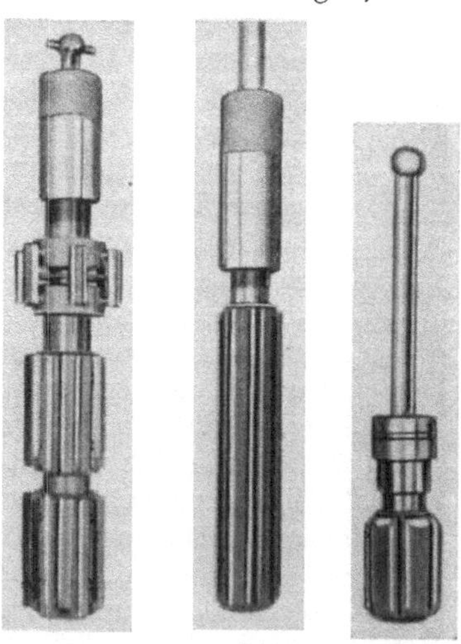

Abb. 74. Sonderwerkzeuge zum Honen. a für die Erzeugung fluchtender Bohrungen verschiedener Durchmesser, b mit sehr langen Steinen, c mit sehr breiten Steinen.

Kugel und Ebene. Die Anwendungen sind natürlich bei den einfachen Formen wie Zylinder, Bohrung und Ebene am zahlreichsten. Die Vielseitigkeit ist aus der waagerechten Gliederung ersichtlich. Ihre Rangfolge ist danach elektrolytisches Polieren, Schleifen, Drehen und Läppen. Bei den besonders für Bohrungsarbeiten vorgesehenen Verfahren wie Bohren, Reiben und Kalibrieren ist der Anwendungsbereich sehr begrenzt [40].

Die Feingestalt der Oberfläche wird bei allen Verfahren verbessert, die Grobgestalt nur bedingt beim Kalibrieren, Glattwalzen und Schaben, jedoch überhaupt nicht beim Druckstrahlläppen, Tauchläppen und dem elektrolytischen Polieren.

Die im Abschn. 1.1 (Seite 4) begrifflich gekennzeichneten Fein- und Feinstbearbeitungsverfahren sollen nun näher behandelt werden.

10.1 Feinschleifen wird hauptsächlich zur Bearbeitung von Lagerstellen für Präzisionsmaschinen angewandt, wenn der übliche Fertigschliff nicht mehr ausreicht; d. h. bei engstem Spiel oder hoher Lagerbelastung. Kolben für Einspritzpumpen z. B. sind nur dicht, wenn die Rauhtiefen auf $0,3\,\mu$ verringert werden [17].

Hier wird mit einer Genauigkeit gearbeitet, die man nach [1] als Feinstschleifen bezeichnet, da die erzielte Rauhtiefe unter $0,6\,\mu$ liegt.

Abb. 73 zeigt an dem Schnitt eines Fahrzeugmotors die Stellen, an denen Fein-

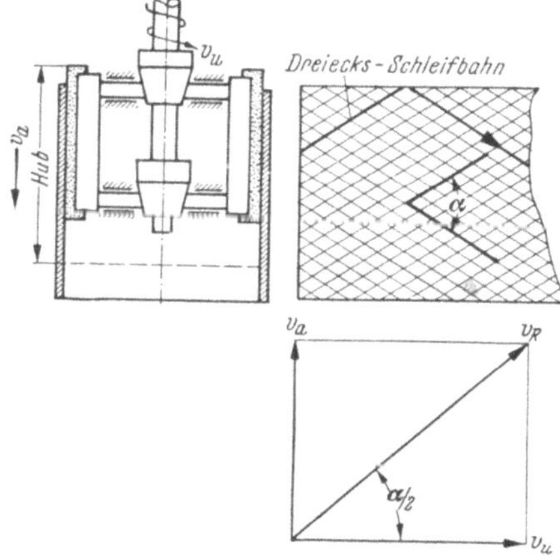

Abb. 75. Honmaschine I Z 600 mit hydraulischem Sprungtisch. (*Maschinenfabrik Gehring KG.*, Stuttgart-Ruit.)

Abb. 76. Honahlenbewegung.

bearbeitungsverfahren durchgeführt werden, unter Angabe der Art des Verfahrens [41].

10.2 Honen (Ziehschleifen). Für ein Honwerkzeug gibt es zwei Möglichkeiten des Aufbaues: den Kraftschluß und den Formschluß. Kraftschlüssige Werkzeuge, bei denen einige Steine von außen an das Werkstück elastisch angedrückt werden, oder auch Bohrungswerkzeuge, bei denen zwischen dem Zustellelement und Zustellkegel elastische Elemente eingefügt sind, dürfen nur als kraftschlüssig bezeichnet und verwendet werden (nicht aber als formschlüssig). Sie erlauben in jedem Falle die Verbesserung von Fehlern 3. und 4. Ordnung (vgl. DIN 4760), z. B. Vorschubspuren und Rattermarken. Sie erlauben gar nicht oder nur sehr schwierig die Beseitigung von Kegelfehlern und die Beseitigung der Unrundheit, am allerwenigsten von Gleichdicken.

Abb. 74 zeigt Sonderwerkzeuge zum Honen und Abb. 75 eine neuere Honmaschine mit hydraulischem Sprungtisch [40].

Der Honvorgang besteht aus zwei Bewegungen, einer Drehbewegung und einer auf- und abgehenden Axialbewegung (Abb. 76), die einen verschieden großen Überschneidungswinkel α je nach dem Größenverhältnis der Axialgeschwindigkeit v_a zur Umfangsgeschwindigkeit v_u ergeben. Ein Schleifkorn beschreibt demnach eine Dreiecksbahn.

*

Es liegen Untersuchungsergebnisse vor über Innenhonen und Außenhonen, auf deren Einzelheiten in diesem Zusammenhang nur hingewiesen werden kann [40].

10.3 Feinziehschleifen (Superfinishing). Durch Feinziehschleifen werden Bearbeitungsspuren und Formabweichungen weiter geglättet. Es wurde 1935 erstmalig bei CHRYSLER in USA als ein beschleunigtes Einlaufverfahren angewandt. Sein Erfinder WALLACE nannte es „Superfinish". Es unterscheidet sich vom Ziehschleifen durch wesentlich größere Hubzahl der Schwingbewegung der Schleifsteine (1000 bis 2000/min gegen höchstens 200/min) und erheblich kleineren Anpreßdruck (höchstens 1,4 kg/mm² gegenüber 5 bis 10 kg/mm²). Ferner müssen die Schleifsteine sehr feinkörnig sein und große Porosität bei mittlerer Härte aufweisen (Korn: Sieb Nr. 500 bis 600, 60% Poren, Härte H bis J nach NORTON). Die Schleifsteine aus Elektrokorund oder Siliziumkarbid haben vegetabilische oder keramische Bindungen. Die Poren am Umfang sollen sich nach einiger Schleifzeit zusetzen, so daß die Steine nur noch polierend wirken.

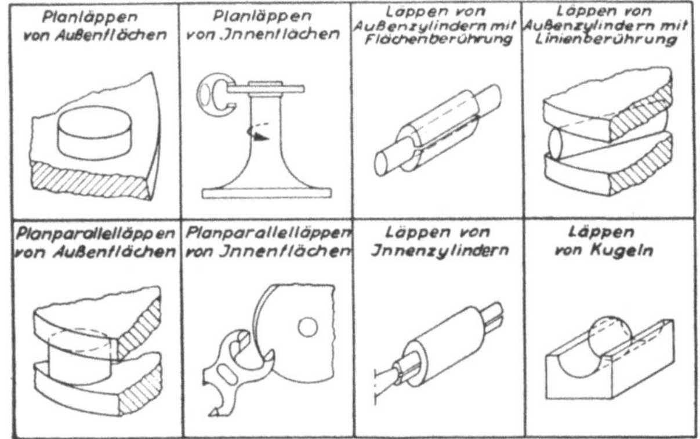

Abb. 77. Grundarten der Läppverfahren.

10.4 Läppen [1]. Durch das Arbeiten mit losem Schleifkorn unterscheidet sich das Läppen grundsätzlich von anderen Feinstbearbeitungsverfahren. Dadurch ist es möglich, Maß- und Formgenauigkeit mit großer Spanabnahme zu koppeln. Die Formgenauigkeit ist insofern von besonderem Interesse, als eine „absolute" Formgenauigkeit erzielt werden kann, denn das Werkzeug, meistens aus Gußeisen mit aufgetragenem Läppmittel, verbessert nicht nur die Form des Werkstücks, sondern dieses verbessert gleichzeitig auch die Form des Werkzeuges. Beide verbessern sich also gegenseitig, und dadurch entstehen sehr hohe Formgenauigkeiten; so können Quarzplättchen auch von angelernten Arbeitskräften auf eine Planparallelität mit einem Fehler von nur 0,02 μ geläppt werden. Die Hohe Formgenauigkeit beschränkt dieses Verfahren im engeren Sinne auf einige geometrische Formen, und zwar auf die Ebene, den Zylinder und die Kugel. Damit ergeben sich die Grundsysteme der Läppverfahren gemäß Abb. 77.

Von grundsätzlicher Bedeutung beim Läppen ist die Bewegung des Werkstücks gegenüber dem Läppwerkzeug. Beim Läppen zwischen zwei flachen Läppscheiben erzeugt man zylindrische Läppbahnen verschiedener Form. Die Abb. 78 und 79 zeigen die Bahnen von Werkstückpunkten auf der umlaufenden Läppscheibe. Beide Bilder sind auf der gleichen Maschine mit gleichem Werkstück aufgenommen; der Unterschied liegt lediglich in Drehrichtung und Drehgeschwindigkeit [40].

---

[1] Da das Läppen in dem Werkstattbuch Heft 105 [8] gesondert behandelt wird, werden hier vorwiegend nur das Grundsätzliche und neuere Erkenntnisse kurz dargelegt.

Auch Geräusche an Getrieben lassen sich wesentlich mildern, wenn die Räder vor dem Probe- und Betriebslauf in zusammengebautem Zustand erst noch geläppt werden.

Beim Läppen trägt das Läppkorn die höher liegenden Stellen der Werkstückoberfläche ab, zersplittert dabei und paßt sich so der Oberflächenverfeinerung an, wie in Abb. 80 zu erkennen ist.

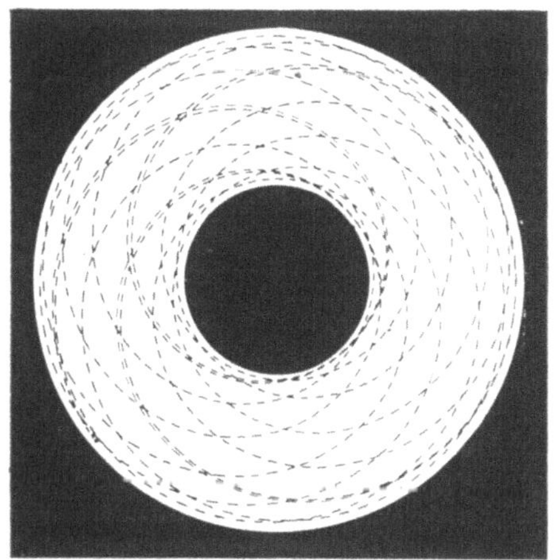

Abb. 78. Läppvorgang — günstige Werkstückbahnen auf der Läppscheibe.

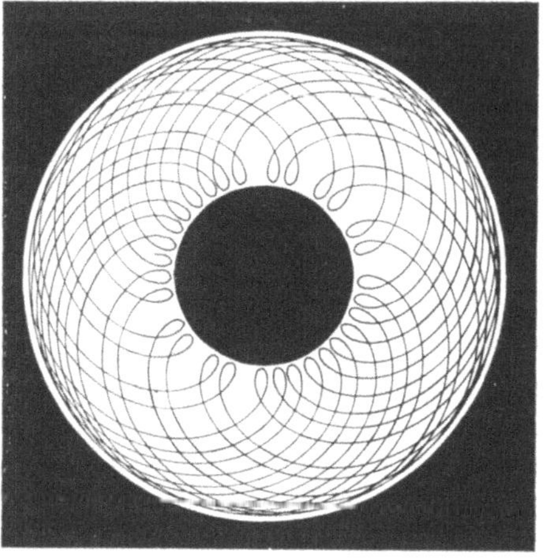

Abb. 79. Läppvorgang — ungünstige Läppbahnen des Werkstückes auf der Läppscheibe, besonders am Innenrand.

Auch der Läppscheibenwiderstand muß berücksichtigt werden, da er die Abnutzung beeinflußt; man kann ihn durch Einarbeiten von Nuten verringern [40].

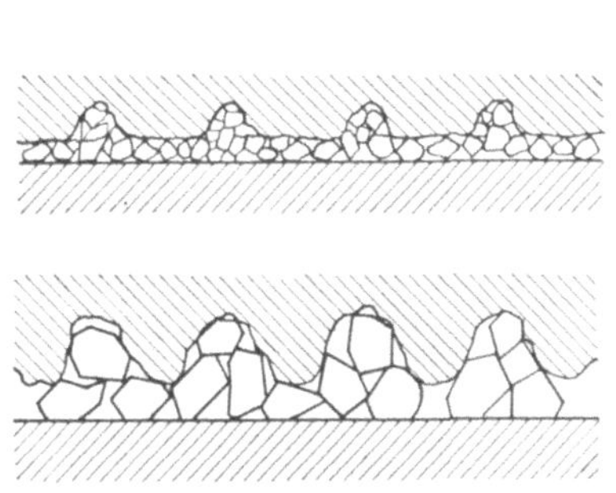

Abb. 80. Läppen von Oberflächen.

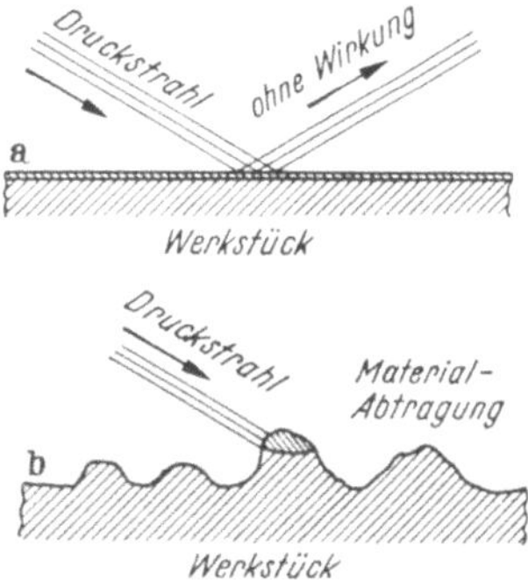

Abb. 81. Druckstrahlläppen: Wirkung des Druckstrahles auf die Oberfläche.

10.5 Druckstrahlläppen. Neuerdings findet in Deutschland auch das in USA gebräuchliche Druckstrahl-Läppen (in USA und England „Liquid Honing" genannt) Beachtung. Die deutsche Bezeichnung „Druckstrahl-Läppen" wurde von der Fa. PETER WOLTERS, Mettmann, zuerst angewendet [42]. Bei diesem Verfahren wird das in Flüssigkeit verteilte Läppkorn mit hoher Austrittsgeschwindigkeit gegen die Werkstückoberfläche geschleudert; z. B. ein Wasser-Läppkorn-Gemisch wird durch Preßluft von 5 bis 6 atü gefördert. Die Läppkörner wirken spanend auf die Werkstückfläche, wenn sie in ihrer Auftreffrichtung die am Werkstück anhaftende Flüssigkeitsschicht durchbrechen und hervorstehende Bearbeitungskämme durchschneiden (Abb. 81). Sobald jedoch die Fläche annähernd eingeebnet ist, prallt das aufschlagende Wasser-Läppkorn-Gemisch ab, ohne im wesentlichen spanend gewirkt zu haben.

Als eigentümliches Anwendungsgebiet gelten Werkstücke von verwickelten Formen, die durch andere Bearbeitungsverfahren nur mit hohen Kosten nachbearbeitet werden können, wie z. B. Gesenke, verwickelte Feingußteile und Werkzeuge. Durch diese Bearbeitung sollen sehr kleine Oberflächenrauhtiefen von $0,2\,\mu$ zu erreichen sein und bei Werkzeugen soll gleichzeitig die Standzeit erhöht werden.

10.6 Spiegelschleifverfahren. Die Société Génevoise d'instruments de Physique berichtet über ein neues, in mehreren Stufen vor sich gehendes Schleifverfahren. Es wird im deutschen Schrifttum unter dem Namen Spiegelschleifverfahren erwähnt [43].

Der Unterschied gegenüber dem Feinziehschleifen besteht darin, daß es höchste Oberflächenglätte mit höchster geometrischer Genauigkeit verbindet. Mit diesem Verfahren will man eine hochfeine spiegelnde Fläche erreichen, die mechanische Abnutzung verhindert. Dem Schleifen mit 80er Korn folgt eine zweite Stufe mit 500er Korn, in der 2 bis $3\,\mu$ vom Durchmesser abgeschliffen werden. Eine dritte Stufe mit einem noch feineren Korn, und zwar Korund mit Kunstharzbindung, nimmt noch 1 bis $2\,\mu$ im Durchmesser weg und erzeugt eine spiegelnde Fläche; die Schleifgeschwindigkeiten liegen in der 2. Stufe bei 14 bis 17 m/s und in der 3. Stufe bei 6 bis 7 m/s, die Tischvorschubgeschwindigkeiten bei 0,5 bzw. 0,1 bis 0,2 m/min. Als Rauhtiefen werden angegeben: nach dem 1. Schliff $0,45\,\mu$, nach dem 2. Schliff $0,1\,\mu$ und nach dem 3. Schliff $0,04\,\mu$. Für Meßmaschinen schleift man auf diese Weise bestimmte Teile mit einer Durchmesser- und Form-Ungenauigkeit von nur $1\,\mu$.

11. Polieren.

Unter Polieren kann man alle Arbeitsverfahren zusammenfassen, die zur Erzielung von Hochglanz dienen. Polieren ist somit die Fortsetzung des „Schleifens" hinsichtlich Glätte und Glanz der Arbeitsflächen. Beim Polieren wird vorwiegend mit Filz-, Leder- und Schwabbelscheiben gearbeitet, die mit Poliermitteln beleimt oder bestrichen sind. Neuerdings gewinnt auch das sog. „elektrolytische Polieren" an Bedeutung.

Beim mechanischen Polieren werden sowohl feine Späne abgehoben, als auch die Oberfläche verformt und der kristalline Aufbau der Oberfläche verändert. Vorhandene Oberflächenrauhigkeiten

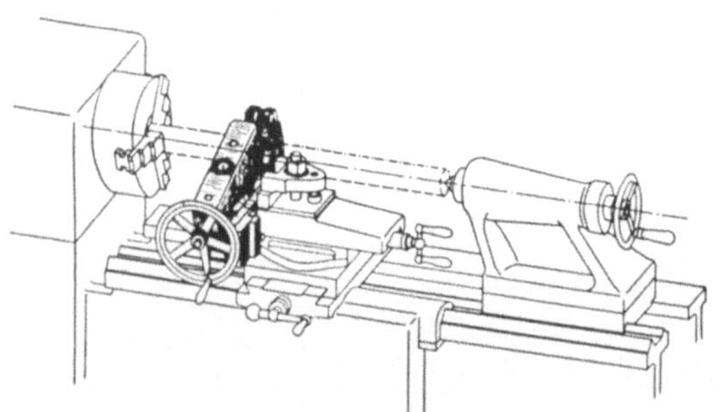

Abb. 82. Prägepolierapparat. (*Fr. Krupp A.G.*, Essen.)

werden eingeebnet, Risse und Poren zum Verschwinden gebracht. Das Polieren dient sowohl zum Maßglätten als auch zum Glänzen.

11.1 Maßglätten. Unter dieser Bezeichnung lassen sich die Feinbearbeitungsverfahren, das Feinziehschleifen oder Superfinishverfahren, das Honen und Läppen, zusammenfassen, sofern dabei auch ein Politurglanz entsteht. Auch das sog. *Prägepolieren*, fälschlicherweise auch Einbrennen genannt, sei hier erwähnt. Bei diesem Verfahren wird die vorgeschliffene Fläche des Werkstückes, z. B. eines Achslagerzapfens, unter hohem Druck bei gleichzeitiger Drehung mit Druckrollen geglättet und zugleich die Oberfläche verdichtet (Abb. 82), oder durch eine gehärtete Stahlscheibe hindurch gepreßt. Bohrungen kann man durch Durchpressen einer

gehärteten Stahlkugel maßglätten. Die Maßgenauigkeit und Güte dieser präge-
polierten Oberflächen ist jedoch nicht immer ausreichend, und die in die Schleif-
furchen umgelegten Kämme der Bearbeitungsspuren neigen bei hoher Belastung
der Flächen zum Ausbrechen. Auch das Ziehen der Metalle zu Drähten, Stäben,
Rohren und anderen Profilen liefert polierte Oberflächen hoher Maßgenauigkeit
und sei daher in diesem Zusammenhange erwähnt.

Das Polieren als eigentliches Glänzverfahren ist nicht an eine genaue Maß-
haltigkeit oder Formgebung gebunden. Eine gute Politur wirkt jedoch am besten,
wenn der Körper auch geometrisch einwandfrei ist. Zunächst wird je nach Werk-
stoffbeschaffenheit durch Druckpolieren, Scheuern oder Reiben soweit vorpoliert,
bis die Oberfläche matte, stumpfe Tönung angenommen hat.

11.2 Druckpolieren, oft auch Brünieren genannt, wird meist bei weicheren
Metallen, vor allem Silber und Gold, von Hand angewendet. Das Werkzeug ist aus
Stahl oder Achat mit Handgriff je nach Art und Form des Werkstücks sehr verschieden gestaltet, z. B. ähnlich Meißeln, Feilen, Dornen, Schnitzmessern u. v. a.
Es muß aber stets hochpoliert sein und nirgends scharfkantig, um nicht zu schaben,
sowie beim Arbeiten ständig mit einem Gleitmittel benetzt sein, das dem Metall
nicht zu stark anhaftet, um weder die Poren zu verschließen, noch chemisch ein-
zuwirken. Man führt das Werkzeug in mehr oder weniger langen, dicht neben-
einandergesetzten Zügen mit allmählich zunehmendem Druck auf der Werkstückoberfläche entlang, bis sie ohne Stufung gleichmäßig glanzgedrückt ist. Als Gleitmittel
war früher Altbier sehr beliebt; jetzt werden Spiritus, Seifenlösung, Panamaab-
kochung und ähnliches, selten aber Öle, angewandt; für einzelne Kleinstücke bewährt
sich auch Speichel. Polierstähle werden unmittelbar auf einem Weichholzbrett mit
Kalk und Spiritus oder auf Leder mit harter Aufputzpaste abgezogen, Poliersteine
auf weichem Hirschleder mit Zinnasche.

Das Verfahren erfordert große Sorgfalt und Übung, ergibt dann aber sehr feine
Hochglanzpolitur. Dennoch ist oft, namentlich bei größeren Flächen, ein völlig
ausgleichendes Nachmullen nötig, wogegen durch Mullen allein nicht derselbe
Hartglanz erreicht wird. Bei manchen montierten Schmuckgegenständen mit
scharf abgesetzten Kleinflächen ist das Brünieren der einzig gangbare Weg, um
tadellosen Hochglanz anzubringen; im Falle der Edelmetallplattierung ist es zugleich eine Probe auf solide Haftung, da sonst der gleitende Druck unweigerlich
zum Abblättern führt.

11.3 Glanzscheuern, auch Kugelpolieren oder Rollieren genannt, wird ähnlich
dem *Bimsen* von Massenteilen meist in Rollfässern, die aus 6 bis 8 ebenen, dicken
Holzdauben mit gut abdichtendem Schraubdeckel bestehen, bei geringer Drehzahl
ausgeführt. Für kleinere Sonderposten oder empfindliche Teile benutzt man auch
kleine Metallfässer aus Bronzeguß oder Stahlblech. Die Fässer sind stets zentrisch
schlagfrei gelagert, meist paarig schaltbar gekoppelt und in Reihen von 6 bis 8 von
einer Maschine angetrieben mit, je nach Größe, etwa 15, bei Kleinfässern bis
80 U/min. Die Fässer werden mindestens zur Hälfte, besser $^2/_3$ bis $^3/_4$ mit glatten
Stahlkugeln angemessener Größe gefüllt, die nach Bedarf noch mit runden oder
flachen Stahlstiften, Sternen u. a. vermischt sind, so daß sie möglichst überall
übergleiten, durch Aussparungen schlüpfen, sich jedoch nicht in Bohrungen fest-
hämmern können. Dazu kommt eine wäßrige Gleit- und Reinigungsflüssigkeit,
meist ohne Zusatz eines besonderen Poliermittels, bis wenigstens 1 cm über dem
Scheuermittel. Die Teile, welche also stets den kleineren Raum einnehmen und
möglichst frei im Scheuermittel liegen müssen, werden je nach Art und Größe
einzeln darin verteilt, oder bei Gefahr des Verwirrens (Ketten, Bänder u. a.) locker
an mitlaufenden Bügeln befestigt. Die Laufzeit ist sehr verschieden, bei härteren

geschliffenen Rohteilen bis zu vielen Stunden, bei fertig galvanisierten Teilen herab bis zu 5 min. Das Glanzscheuern wird im Laufe der Fabrikation am besten mehrmals, und zwar nach jedem Arbeitsgange der letzten Fertigstellung, namentlich der Oberflächenbehandlung, ausgeführt. Nach der dargestellten Weise und dem Charakter des Glanzes ist dieses Scheuern auch eine Art Druckpolitur; es eignet sich für fast alle Metalle einschließlich Eisen, ungehärteten Stahl und Nickel. Andere Füllungen mit leichteren Stoffen (Schnitzel von Leder, Filz o. dgl.) und Zusätzen von Polierpulvern sind mehr den Reibverfahren zuzuordnen und können auch auf härteste Metalle abgestimmt werden.

Als Gleitmittel beim Kugelpolieren bewährt sich am besten milde Kernseifenlösung mit Zusatz von etwas Soda oder Borax je nach Art des Metalles. Soda eignet sich in den meisten Fällen am besten, besonders auch für Zink, nicht aber für Kupfer und dessen farbige Legierungen, welche darin leicht anlaufen, sich aber in Borax und Seife gut halten. Jedoch muß namentlich die Soda rein sein, und in keinem Falle dürfen irgendwelche Reste von Beizen oder Metalloxyden, Fetten u. a. in die Fässer gelangen. Sehr schädlich sind auch schon geringe Mengen Kochsalz (Gefahr für Kupfer).

11.4 Polieren durch Reibung wird meist nach dem im Abschnitt Maßglätten behandelten Verfahren durchgeführt. Auch das Polieren mit weichem Bausch ohne fremdes Poliermittel (Weißmullen) erfordert stets eine erhebliche Reibungs- oder Schlagwirkung, die sich schon durch die nötige hohe Geschwindigkeit ergibt und an der wenigstens vorübergehenden Oberflächenerhitzung erkennbar ist. Bei langsamer Bewegung ist hoher Druck anzuwenden, um leidlichen Glanz zu erzeugen, und harte, hochschmelzende Metalle sind mit leichten Mitteln nur bei großer Ausdauer polierbar.

Ein Kennzeichen für gute Politur ist, daß das Metall vom auffallenden Lichte einen möglichst großen Teil zurückwirft und zwar in der ihm zukommenden Färbung bzw. Farbmischung. Dieses Vermögen geht, für die verschiedenen Farben abweichend, vom Platin über Nickel, Chrom, Rhodium, Zink, Gold zum Silber von etwa 50 bis 95%. Die Wellenlängen des sichtbaren Lichtes liegen von violett über blau, gelb und rot zwischen etwa 0,4 bis 0,8 μ. Der ruhige Politur- und Spiegelglanz kommt erst dadurch zustande, daß das Licht wie von einem guten Glasspiegel möglichst einheitlich zurückgeworfen und nicht zerstreut wird, und das setzt eine den obigen Wellenmaßen angenäherte bzw. sie noch übertreffende Ebnung der Fläche voraus. Diese Bedingungen sind nicht durch spanendes Schleifen allein, sondern erst durch zusätzlichen Druck- und Schubausgleich zu erfüllen. Zum Hochglanzpolieren sind, wenn überhaupt zuletzt noch nötig, nur äußerst feine Greifmittel in sparsamstem, hauchdünnem Auftrag auf den bewegten Träger und nicht auf das Metall selbst anzuwenden.

Poliermittel sind: Berylliumoxyd als ein außerordentlich hartes, aber sehr feines, weißes Pulver, das auch gesinterte Hartmetalle, geglühtes Aluminiumoxyd und entsprechend leichteres Hartchrom u. a. angreift. Ebenfalls sehr hart, aber abgestuft in folgender Reihe sind feinstgepulverte Polierqualitäten von Siliziumkarbid, Korund, Schmirgel und Chromoxyd. Das Chromoxyd eignet sich auch noch sehr gut für Aufputz von Glanzverchromung, zum Polieren von Stahl, nichtrostendem Edelstahl u. a., besonders in Form von harter Stangenpaste (Poliergrün). Etwa eine Mittelstellung nimmt das Polierrot (Eisenoxyd) ein, das namentlich für Kupferlegierungen, Gold, Eisen u. a. viel gebraucht wird. Für Aluminium, Magnesium und Leichtmetalle ist Polierrot nicht dienlich wegen seiner Reduzierbarkeit zu Eisen durch die erhitzten, dabei selbst oxydierenden Erdmetalle. Weichere Mittel sind u. a. Tripel, den man mehr als Feinschleifstoff benutzt, Zinnasche und Zinkweiß, künstlich hergestelltes Bimsmehl, geschlämmte Kieselgur, Wiener Kalk, feinste Knochenasche u. a.

Für das Polieren von Hartmetalleinsätzen in Schnittwerkzeugen wurden von der Hatford Special Machinery Co. Schleifbänder aus Nylon entwickelt, die mit Diamantkörnern belegt sind. Sie werden in Breiten von 3 bis 10 mm mit Körnungen von 1 bis 5 μ Teilchengröße bis zur Körnung 100 (Sieb mit 100 Maschen je Zoll) hergestellt. Die Bänder verschiedener Korngrößen sind durch Farben gekennzeichnet.

11.5 Elektrolytisches Polieren. Erstmalig stellte P. Jaquets 1935 fest, daß bei der anodischen Abtragung von Kupfer in Orthophosphorsäure bei bestimmten Stromdichten die Oberfläche nach dem Herausnehmen aus der Lösung poliert erscheint [44]. Das Verfahren wurde hauptsächlich in USA und in Frankreich entwickelt.

Abb. 83 zeigt schematisch den Aufbau einer Anlage zum elektrolytischen Polieren. Das Werkstück W ist anodisch in den mit Gleichstrom gespeisten Stromkreis geschaltet. Als Kathode K dient ein in der Badflüssigkeit unlösliches Metall. Als Elektrolyte sind

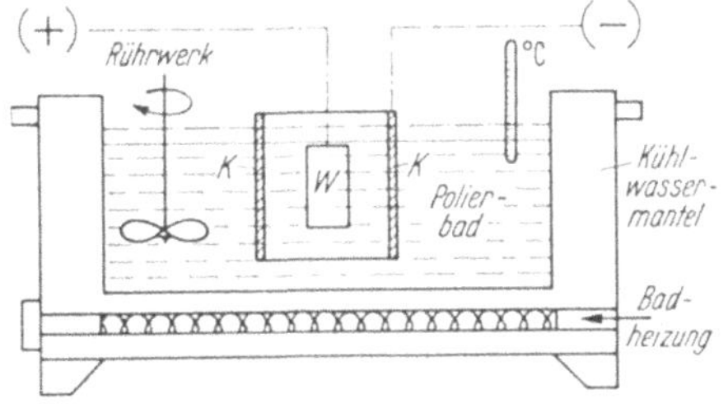

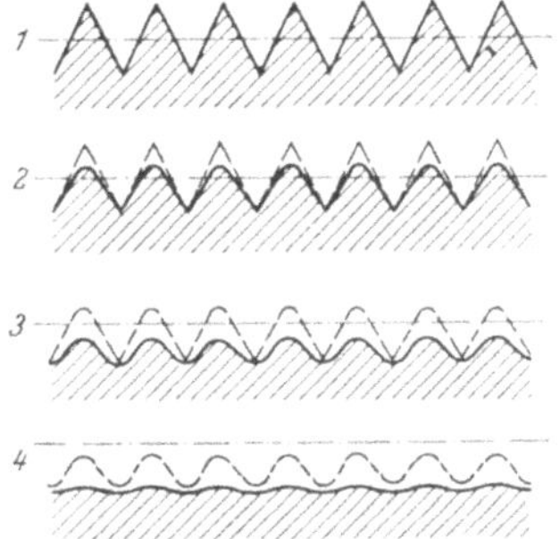

Abb. 83. Schematische Darstellung einer Einrichtung für elektrolytisches Polieren.
W Werkstück als Anode geschaltet, K Kathoden.

Abb. 84. Schematische Darstellung der Einebnung beim elektrolytischen Polieren.

eine Anzahl von Säuren und Säuregemischen meist oxydierenden Charakters vorgeschlagen worden. Von der Wahl des Elektrolyten und der genauen Einhaltung bestimmter Arbeitsbedingungen hängt das Ergebnis des Polierens ab.

Die Einebnung der Stahloberfläche beim elektrolytischen Polieren ist eine Folge der Ablösung dünner Oberflächenschichten. Bei der Rauhigkeit der Ausgangsfläche, durch Profil 1 in Abb. 84 dargestellt, verschwinden mit zunehmender Polierdauer die Unebenheiten entsprechend den Profilen 2 bis 4. Wie aus diesem Bild weiter hervorgeht, wird gleichzeitig eine Abrundung vorspringender Kanten erzielt. Diese Wirkung ist ebenfalls von praktischer Bedeutung, da infolgedessen auch gleichzeitig Entgratungen an Werkstücken vorgenommen werden können.

Die Anwendbarkeit des elektrolytischen Polierens ist auf die Feinbearbeitung der Oberfläche beschränkt. Sie setzt einen weitgehend vorgeschliffenen Zustand des Werkstückes voraus. Als Mindestvoraussetzung kann bei unlegierten sowie legierten, nichtrostenden Stählen ein Vorschliff mit Körnung 240 angesehen werden. Auch aus wirtschaftlichen Gründen wird man diesen möglichst weitgehend und sorgfältig vornehmen müssen. Je gröber die Rauhigkeit der Oberfläche ist, um so stärker ist nach Abb. 84 die Schicht, die abgelöst werden muß, um eine ausreichende Einebnung zu erzielen. Der Säure- und Stromverbrauch, die notwendige Polierzeit und damit die Kosten steigen dementsprechend. Außerdem ist eine stärkere Anätzung des Materials unter solchen Bedingungen nur selten zu vermeiden. Elektrolytisches Polieren kann daher nur die mechanische Feinstbearbeitung ersetzen.

Für metallographische Schliffvorbereitungen zeigt Abb. 85 das sog. Elektropol-Gerät, das in wenigen Minuten die Anfertigung eines Schliffes ermöglicht [45]. Mit dem Gerät können alle üblichen Stahlsorten, einschließlich rostfreier Stähle, Aluminium und zahlreiche Aluminiumlegierungen, ferner Zink, Blei, Nickel und viele andere Metalle und Legierungen behandelt werden. Kupfer und seine Legierungen erfordern einen besonderen Elektrolyten. Poröse Werkstoffe eignen sich nicht für das Elektropolieren.

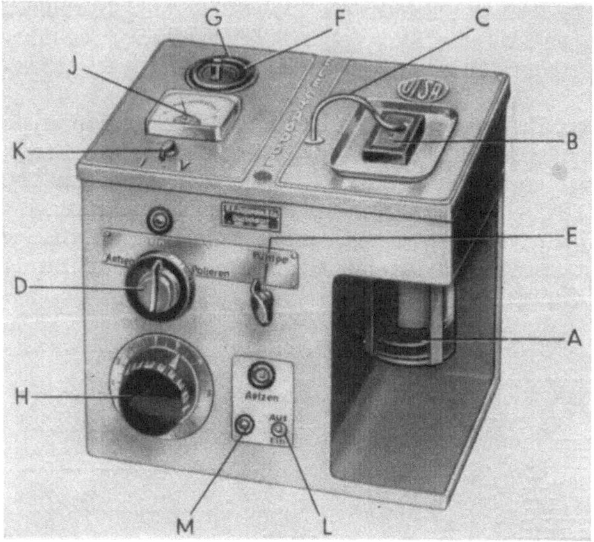

Das Probestück auf der Lochplatte B wird an der Schliffseite von dem Elektrolyten, einem Gemisch aus Überchlorsäure, Alkohol und Glyzerin, aus dem Glasbehälter A bespült, wobei Stromstärke, Spannung und Zeit durch die Bedienknöpfe am Gerät eingestellt werden. Abb. 86 gibt das Prinzip des elektrolytischen Polierens wieder. Während der Elektrolyse bildet sich auf der als Anode geschalteten Metalloberfläche eine dünne Schicht mit verhältnismäßig hohem Widerstand. Sie ist an den Stellen der Erhebungen auf der Oberfläche am dünnsten und besitzt dort entsprechend geringeren Widerstand, weshalb diese Stellen infolge höherer Emission von Metallionen stärker abgetragen werden.

Abb. 85. Disa-Electropol-Gerät. (*P. F. Du'ardin & Co.*, Düsseldorf.)

A Glasbehälter, *B* Lochplatte, *C* Klemmbügel, *D* Hauptschalter, *E* Pumpeneinstellung, *F* Schaltuhr, *G* Startknopf, *H* Stromstärke-Einstellung, *J* Meßinstrument, *K* Meßinstrument-Schalter, *L* Schalter für Nachätzen, *M* Steckkontakt für zusätziches Ätzaggregat.

Auch im Kunstgewerbe kann man das elektrolytische Polieren anwenden. Bei den Goldschmieden ist es schon lange als „Entgoldungsbad" bekannt.

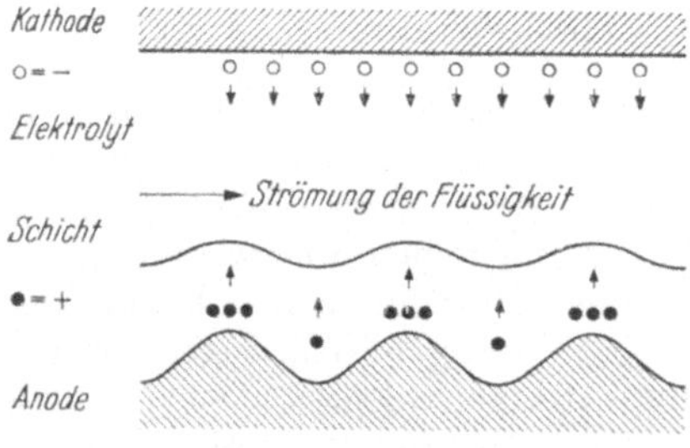

Abb. 86. Prinzip des Elektropolierens.

11.6 Elektrolytisches Schleifen, ein dem elektrolytischen Polieren ähnliches Verfahren, sei der Vollständigkeit halber auch noch erwähnt. Bei diesem Verfahren wird eine sich drehende Schleifscheibe (Kathode) unter geringem Druck an das Werkstück (Anode) herangeführt, wobei eine Elektrolytflüssigkeit zwischen die Berührungsflächen gespült wird, ähnlich wie das Kühlmittel beim herkömmlichen Schleifen. Der Werkstoff wird jedoch nicht durch Zerspanung, sondern durch einen elektrochemischen Vorgang abgetragen [40]. Das Verfahren ist zur Bearbeitung von leitenden Werkstoffen geeignet, insbesonders für solche, die wegen ihrer Härte mit üblichen Methoden nicht oder wegen des raschen Verschleißes der Werkzeuge nur mit hohen Kosten zerspant werden können.

12. Praktische Gebrauchstabelle.

Tabelle 6. Häufige Schleifarbeiten und die dafür geeigneten Schleifscheibenzusammensetzungen [1].

Schleifmittel: K = Edel-, Halbedel- oder Normalkorund; SiC = Silizium-Karbid.
Bindungen: Ke = keramisch, Gu = Gummi, Ba = Kunstharz, min = mineralische Bindung.

Werkstück	Art des Schleifens	Schleif-mittel	Korn	Härte	Bindung	Bemerkungen
Aluminium	Abgraten	SiC	24	N, O	Ke	auch Ba
	Trennen, 60—80 m/s	SiC	24	P	Ba	
	Rund zwischen Spitzen	SiC	46—60	Jot, K	Ke	
	Rund, spitzenlos	SiC	46	K	Ke	
	Innen	SiC	46—80	H, 1	Ke	
	Plan m. Schleiftopf	SiC	20—36	H, 1	Ke	
	Plan m. Segmenten	SiC	20—36	H, 1	Ke	für schmale
	Plan m. Hochleistungs-schleifblättern	SiC	20—36	I-K	Ba, min	Flächen entsprechend härter
	Plan am Schleifscheiben-umfang	SiC	20—36	I-K	Ke	
Dynamo-bleche	Rund-: Ankerpakete zwischen Spitzen,	K	36—60	K, L	Ke	
	Entgraten gestanzter Bleche	K	20—24	M	Ke	
Bronze, hart (weich: s. Kupfer)	Putzen, gr. Stücke	SiC	20—36	N-P	Ke	auch Ba
	Putzen, kl. Stücke	SiC	36—46	N-P	Ke	je nach Durchmesser der Stücke
	Rund zwischen Spitzen	SiC	46—60	Jot-L	Ke	
	Rund, spitzenlos	SiC	60	M	Ke	
	Innen	SiC	40—80	I-K	Ke	
	Plan m. Schleiftopf	SiC	20—30	H-Jot	Ke	für schmale Flächen entsprechend härter
	Plan m. Segmenten	SiC	20—30	H-K	Ke	
	Plan am Schleifscheiben-umfang	SiC	20—40	I-K	Ke	
	Trennen	SiC	24	P	Ba	
Glas, „Kristall"	Vorreißen, Profile (Tiefschliff)	SiC	80	M, N	Ke	
	desgl. Ecken, Spulen, Oliven, Kugeln	SiC	40—150	L, M	Ke	
	Feinmachen, Profile (Tiefschliff)	K	120	M	Ke	
	desgl. Ecken usw.	K	100	L	Ke	
	Karieren u. Gravieren	K	220—320	O, P	Ke	
	Zenkel	SiC	100—120	L, M	Ke	
	Mattschleifen	SiC	180—280	M	Ke	
Trinkgläser Konservengl.	Mundränder vergollern	K	120—150	Jot, K	Ke	
Spiegel optischesGlas	Ringe	K	60	Jot	Ke	
	Facetten (Kesselscheiben)	K	180	Q	Ke	
	Brillenränder	K	280—400	P	Ke	
	Trennen	SiC	60—90	M	Ba	
	Sprengen	K	280—600	P-R	Ke	
	spitzenlos	SiC	60—150	I-L	Ke	
Gummi weich	Rund	SiC	16—24	H-K	Ke	auch extra-poröse Ausführung, auch Korund
	Aufrauhen	SiC	12—30	H-L	Ke	
hart	Rund, Vorschl.	SiC	24—30	I-K	Ke	
	Rund, Nachschl.	SiC	60—80	Jot, K	Ke	
	Trennen	SiC	20—36	P, Q	Ba	

[1] Diese Tabelle ist ein Auszug aus einer Liste, die der neue Katalog „Schleifscheiben" (3. Aufl. 1955) der Fa. Naxos-Union, Frankfurt/Main, enthält.

Praktische Gebrauchstabelle.

Tabelle 6. (Fortsetzung.)

Werkstück	Art des Schleifens	Schleif-mittel	Korn	Härte	Bindung	Bemerkungen
Grauguß	Abgraten große Stücke, Stücke, 25—30 m/s	SiC u. K	12—20	P–S	Ke	
	Abgraten, große Stücke, bis 45 m/s	SiC u. K	12—16	Q, R	Ba	
	Abgraten, kleinere Stücke, 25—30 m/s	SiC u. K	20—30	P–R	Ke	
	Abgraten, kleinere Stücke, bis 45 m/s	SiC u. K	20—30	O–Q	Ba	
	Trennen 60—80 m/s	SiC	24—36	Q, R	Ba	
	Rund, zwischen Spitzen	SiC	24—60	K–N	Ke	} je nach Durch-messer der Stücke
	Rund, spitzenlos	SiC	46	K, L	Ke	
	Innen	SiC	40—80	I–K	Ke	
	Plan m. Schleiftopf	SiC	14—30	H–Jot	Ke	} für schmale Flächen ent-sprechend härter
	Plan m. Segmenten	SiC	14—30	H–K	Ke	
	Plan am Schleifscheiben-umfang	SiC	24—40	I–L	Ke	
Ofenteile	Abgraten	SiC	14—16	Q, R	Ke	
	Herdplatten plan, selbst-tätig	SiC	30	K	Ke	auch Ba, für Hochge-schwindigkeit
	Kanten beschleifen	SiC	70	P	Ke	
Hartguß	Abgraten, große Stücke, 25—30 m/s	SiC	12—20	Q–R	Ke	
	Abgraten, große Stücke, bis 45 m/s	SiC	14—16	P, Q	Ba	
	Abgraten, kleinere Stücke, 25—30 m/s	SiC	16—20	P–R	Ke	
	Abgraten, kleinere Stücke, bis 45 m/s	SiC	16—20	Q, R	Ba	
	Rund zwischen Spitzen	SiC	24—46	I–K	Ke	auch feiner
	Rund, spitzenlos	SiC	46	H, I	Ke	
	Innen	SiC	50—80	I–K	Ke	
	Plan m. Schleiftopf	SiC	16—24	H–Jot	Ke	} für schmale Flächen ent-sprechend härter
	Plan m. Segmenten	SiC	16—24	H–K	Ke	
	Plan am Schleifscheiben-umfang	SiC	30—36	H–K	Ke	
Hartmetall-Werkzeuge, allgemein	Vorschl. m. Schleiftopf	SiC	36—46	Jot	Ke	} auch Sonder-form „Nurei" (Naxos Union)
	Vorschl. am Schleif-scheibenumfang	SiC	36—46	Jot, K	Ke	
	Nachschl. m. Schleiftopf	SiC	70—120	H, Jot	Ke	
	Nachschl. am Schleif-scheibenumfang	SiC	70—120	I, Jot	Ke	
	Läppen m. Läppscheibe	SiC	280	I	Ba	
	Läppen mit Handstein	SiC	400	M	Ke	
Hartmetall-Werkzeuge, besondere Anpassung	Bohrkronen, Vorschl.	SiC	46	K	Ke	
	Nachschleifen	SiC	70—120	Jot	Ke	
	Fräser	SiC	46—90	G–Jot	Ke	
	Messerköpfe	SiC	46—90	G–I	Ke	
	Spiralbohrer	SiC	70—120	G–I	Ke	
	Stähle: Vorschleifen	SiC	46	I–K	Ke	
	Nachschleifen	SiC	70—120	H–Jot	Ke	
	Spanbrechernuten	SiC	120—150	K, L	Ke	
	Rund zwischen Spitzen	SiC	60—80	H, I	Ke	
	Rund, spitzenlos	SiC	60—90	I	Ke	
	Innen	SiC	60—80	H	Ke	
	Trennen	SiC	36	O	Ba, Gu	

Tabelle 6. (Fortsetzung.)

Werkstück	Art des Schleifens	Schleif-mittel	Korn	Härte	Bindung	Bemerkungen
Kollektoren	Rund	SiC u. K	60—180	K–L	Ke	auch Ba
	Glätten m. Handsteinen	K	36—70	K–N	Ke	
Kugellager	Rund, spitzenlos	K	60—80	L–N	Ke	auch Ba
	Flächen	K	46—60	H, I	Ke	
	Innen	K	46—60	H, I	Ke	
	Laufbahnen	K	100—120	N	Gu	
Kunststoffe	Abgraten	SiC	36—60	K–M	Ke	
	Plan,	SiC	24—36	I–L	Ke	
	Rund, spitzenlos	SiC	60—80	P	Ke	auch extra porös
Kupfer (und Bronze, weich)	Putzen	SiC	16—40	M–O	Ke	auch Sonder-zusammensetzungen
	Trennen, 60—80 m/s	SiC	24—36	P, Q	Ba	
	Rund	SiC	60—80	K, L	Ke	
	Plan, Vorschleifen	SiC	36—46	H	Ke	
	Feinschleifen	SiC	100—260	I–K	Ke o. Ba	
	Kupfertiefdruckzylinder	SiC	120—260	M–O	Ba	
Messing	v. Hand, große Stücke	K u. SiC	16—30	O–Q	Ke	
	v. Hand, kleine Stücke	K u. SiC	30—40	O, P	Ke	
	Rund, zwischen Spitzen	SiC	36—60	I–L	Ke	
	Rund spitzenlos	SiC	46	M, N	Ke	
	Innen	SiC	40—80	I–L	Ke	
	Plan mit Schleiftopf	SiC	24—30	H–Jot	Ke	
	Plan mit Segmenten	SiC	24—30	H–K	Ke	für schmale Flächen entsprechend härter
	Plan m. Hochleistungs-schleifblättern	SiC	24—36	N, O	Ke, Ba od.min	
	Plan am Schleifscheiben-umfang	SiC	20—40	I–K	Ke	
C-Stahl weich	Putzen, gr. St. (a. Mangan)	K	12—20	P–R	Ke	
	Putzen, kleinere Stücke	K	16—24	O–Q	Ke	
	Trennen, 60—80 m/s	K	24—30	Q–S	Ba	je nach Durchmesser der Stücke
	Rund zwischen Spitzen	K	46—70	K–M	Ke	
	Rund, spitzenlos	K	60	N	Ke	
	Innen	K	46—80	Jot–L	Ke	
	Plan mit Schleiftopf	K	24—36	H–L	Ke	für schmale Flächen entsprechend höher
	Plan mit Segmenten	K	24—36	H–K	Ke	
	Plan am Schleifscheiben-umfang	K	30—40	H–K	Ke	
C-Stahl gehärtet u. legiert	Trennen, 60—80 m/s	K	24—30	P, Q	Ba	je nach Durchmesser der Stücke
	Rund, zwischen Spitzen	K	46—60	Jot–M	Ke	
	Rund, spitzenlos	K	46—60	K	Ke	
	Innen	K	60—80	I–K	Ke	
	Plan mit Schleiftopf	K	24—36	H, I	Ke	für schmale Flächen entsprechend härter
	Plan mit Segmenten	K	24—36	G–I	Ke	
	Plan am Schleifscheiben-umfang	K	36—60	H, I	Ke	
Schnell-arbeitsstahl weich	Rund zwischen Spitzen	K	46	K–N	Ke	je nach Durchmesser der Stücke
	Rund, spitzenlos	K	46	M	Ke	
	Innenschleifen	K	46—80	I–M	Ke	je nach Durchmesser und Drehzahl
	Plan mit Schleiftopf	K	24—46	H–K	Ke	für schmale Flächen entsprechend härter
	Plan mit Segmenten	K	24—46	H–K	Ke	
	Plan am Schleifscheiben-umfang	K	30—46	H–K	Ke	

Tabelle 6. (Fortsetzung.)

Werkstück	Art des Schleifens	Schleif-mittel	Korn	Härte	Bindung	Bemerkungen
Schnell-arbeitsstahl gehärtet	Rund zwischen Spitzen	K	46—60	I–M	Ke	je nach Durch-messer d. Stücke
	Rund spitzenlos	K	60	K, L	Ke	
	Innen	K	46—60	H–K	Ke	je nach Durch-messer und Dreh-zahl
Plan	Plan mit Schleiftopf	K	24—60	G, H	Ke	für schmale Flächen ent-sprechend härter
	Plan mit Segmenten	K	24—60	G–I	Ke	
	Plan am Schleifscheiben-umfang	K	30—46	G–I	Ke	
Chromnickel-Stahl	Rund zwischen Spitzen	K u. SiC	60—80	K–M	Ke	je nach Durchmesser der Stücke
	Rund, spitzenlos	K u. SiC	60—80	Jot	Ke	
	Innen	K	36—60	H, I	Ke	
Manganstahl	Putzen, gr. St., 25—30 m/s	K	12—16	P, Q	Ke	
	Putzen, gr., St., bis 45 m/s	K	12—16	O, P	Ba	
	Putzen, kl. St., 25—30 m/s	K	14—20	Q	Ke	
	Putzen, kl. St., bis 45 m/s	K	14—20	O–Q	Ba	
	Trennen, 60—80 m/s	K	24	Q, R	Ba	
nitrierter Stahl	Rund, zwischen Spitzen	K	46—80	I, Jot	Ke	
	Rund, spitzenlos	K	46—80	I	Ke	
	Innen	K	46—80	H, I	Ke	
rostfreier Stahl	Putzen, 25—30 m/s	K	16—24	Q	Ke	
	Putzen, bis 45 m/s	K	12—20	O–Q	Ba	
	Trennen, 60—80 m/s	SiC	24	P	Ba	
	Rund, zwischen Spitzen	K	46	N	Ke	
	Rund, spitzenlos	K	46	L, M	Ke	
	Plan mit Schleiftopf	K	30	G, H	Ke	
	Plan mit Segmenten	K	30	Jot, K	Ke	
	Plan am Schleifscheiben-umfang	K	46	I	Ke	
Stahlguß	Putzen, gr. St., 25—30 m/s	K	14—30	Q–S	Ke	
	Putzen, gr. St. bis 45 m/s	K	12—14	O–R	Ba	
	Putzen, kl. St., 25—30 m/s	K	20—30	O–Q	Ke	
	Putzen, kl. St., bis 45 m/s	K	14	O, P	Ba	
Stahldraht	Enden schleifen	K	30—36	S, T	Ke	
	Trennen 60—80 m/s	K	36	Q, R	Ba	
Knüppel aus Werkzeug-stahl	Putzen 25—30 m/s	K	14—20	N–P	Ke	
	Putzen bis 45 m/s	K	12—14	O, P	Ba	
Knüppel aus hochw.Stahl	Putzen 25—30 m/s	K	14—20	O–Q	Ke	
	Putzen bis 45 m/s	K	12—14	O, P	Ba	

Schrifttum.

In dieser Aufstellung wird für Leser, die sich mit Sonderfragen des Schleifens befassen möchten, einiges Schrifttum angegeben. Die genannten Bücher und Aufätze enthalten dann selbst auch wieder weiterführende Schrifttumsangaben.

[1] Begriffe der Schleiftechnik, Werkstattst. u. Masch. Bau 43 (1953) Nr. 6. S. 289/97.

[2] KLEINSCHMIDT, B.: Handbuch der Schleif- und Poliertechnik. — Bd. 1: Das Schleifen in der Metallbearbeitung. — Bd. 2: Das Polieren der Metalle. — Bd. 3: Das Schleifen und Polieren in der Glas-, Stein-, Leder-, Kunststoff- usw. Bearbeitung. — Bd. 1 Verlag Herbert Cram, Berlin 1950; Bd. 2 bis 4 Verlag M. Krayn, Berlin 1937.

[3] SCHÖNING, W.: Das Trommelschleifen, Werkst. u. Betrieb 86 (1953) Nr. 2 S. 57/60.

[4] PAHLITZSCH, G.: Vergleichende Untersuchungen der Schleiffähigkeit und Wirtschaftlichkeit von Schleifpapier, Metalloberfläche 6 (1952) Nr. 4 S. 153/61.

[5] KLEINSCHMIDT, B.: Jahrbuch der Schleif- und Poliertechnik und der Oberflächenbehandlung, Vulkan-Verlag, Essen, 1954.

[6] KRUG, C.: Die Grundlagen des Schleifens, ZVDI 71 (1927) Nr. 32 S. 1109/16.

[7] AWF-Betriebsblätter. Herausgegeben vom Ausschuß für wirtschaftliche Fertigung, Frankfurt/Main, Feldbergstr. 28; zu beziehen auch vom Beuth-Vertrieb, Berlin W 15 oder Köln: Nr. 76. Schleifen: Richtlinien für Schleifscheibenwahl und Beseitigung der häufigsten Fehler. — Nr. 77. Schleifen von Hartmetall. — Nr. 78. Kühlen und Schmieren beim Schleifen. — Nr. 79. Abrichten von Schleifkörpern (April 1954). — Nr. 201. Die Schleifscheibe: Aufbau, Auswahl und Behandlung.

[8] Werkstattbücher. Springer-Verlag, Berlin/Göttingen/Heidelberg: Heft 48. KREKELER-BEUERLEIN: Öl im Betrieb, 3. Aufl. 1953. — Heft 62. ROTTLER, A.: Hartmetalle in der Werkstatt, 2. Aufl. 1955. — Heft 67. HEINZE, P.: Prüfen und Instandhalten von Werkzeugen und anderen Betriebshilfsmitteln, 3. Aufl. 1953. — Heft 94. ROTTLER, A.: Werkzeugschleifen, 1949. — Heft 97. HOFMANN, W.: Spitzenloses Schleifen, 1. Teil: Maschinenaufbau und Arbeitsweise, 1950. — Heft 105. FINKELNBURG, H.: Läppen, 1951. — Heft 107. HOFMANN, W.: Spitzenloses Schleifen, 2. Teil: Zusatzvorrichtungen, Genauigkeits- und Schönheitsschliff, 1952.

[9] SPÄTH, W.: Härte und Dauerfestigkeit von Schleifkörpern, Werkstattst. u. Masch. Bau 42 (1952) Nr. 2 S. 59/61.

[10] PAHLITZSCH, G.: Prüfung von Schleifscheiben, Schleif-, Polier- u. Oberflächentechnik (1943) S. 41/53.

[11] ROWE, R.: Prüfung von Schleifkörpern nach dem Schallverfahren. STEEL 126 (1950) Nr. 26 S. 74/77 u. 84; s. auch Werkstattst. u. Masch. Bau 41 (1951) Nr. 6 S. 258.

[12] Kennzeichnung von Schleifscheiben und anderen Schleifkörpern. Werkstattst. u. Masch. Bau 40 (1950) Nr. 9 S. 336.

[13] ERNST, H.: Selbsttätiges Auswuchten von Schleifkörpern, Machine Design. 23 (1951) Nr. 1 S. 107/114. Auszug: Werkstattst. u. Masch. Bau 43 (1953) Nr. 2 S. 72/73.

[14] PAHLITZSCH, G.: Diamantfreie Abrichtgeräte, Schleif- u. Poliertechnik (1942) Nr. 12.

[15] STAUDINGER, H.: Abrichtgeräte für Schleifscheiben, Schleif-, Polier- u. Oberflächentechnik 20 (1943) S. 143/45.

[16] DREYHAUPT, W.: Erfahrungen mit diamantfreien Abrichtern für die Feinbearbeitung, Werkst. u. Betrieb 84 (1951) Nr. 1 S. 27.

[17] PAHLITZSCH, G. u. J. APPUN: Einfluß der Abrichtbedingungen auf Schleifvorgang und Schleifergebnis beim Rundschleifen, Werkstattst. u. Mach. Bau 43 (1953) Nr. 9 S. 396/403.

[18] JACOBSOHN, W.: Diamantwerkzeug-Patente über das Abrichten von Schleifscheiben, Industrial Distributors (Verkauf) Lt. 32—34 Holborn, Viaduct, London E. C. 1. Auszug: Werkst. u. Betrieb 83 (1950) Nr. 3 S. 118.

[19] OPITZ, H., u. E. SALJÉ: Wirtschaftliche Zerspanbedingungen beim Schleifen, Werkstattst. u. Masch. Bau 1954 Nr. 10 S. 483/89.

[20] SALJÉ, E.: Grundlagen des Schleifvorganges, Werkst. u. Betrieb 86 (1953) Nr. 2 S. 45/56 u. Nr. 4 S. 177/82.

[21] WOLFRAM, W.: Über Versuche zum Problem Rundschleifen, Werkstattst. u. Masch. Bau 42 (1952) Nr. 3 S. 77/85.

[22] PAPP, P.: Hartmetallwerkzeuge im feinmechanischen Elektro-Apparatebau, Essener Industrieanzeiger. 1955. Nr. 5 S. 17/22.

[23] KRUG, C.: Über die Bewertung von Schleifscheiben, Werkstattst. u. Masch. Bau 41 (1951) Nr. 3 S. 88/91.

[24] PAHLITZSCH, G., u. J. APPUN: Über die „Zweistoff-Zweiweg-Kühlung" beim Schleifen, ZVDI 96 (1954) Nr. 11/12 S. 320/28.

[25] ROTZOLL, E.: Über Rattermarken beim Schleifen, Werkstattst. u. Masch. Bau 42 (1952) Nr. 8 S. 306/10.

[26] KOPITZ, K.: Der Einfluß des Schleifens auf die Oberflächenhärte gehärteten Stahles, Mitteilungen der Wissenschaftlich-Technischen Arbeitsgemeinschaft für Härtereitechnik und Wärmebehandlung Nr. 11 (1954) S. 7/11.

[27] STAUDINGER, H.: Biegewechselfestigkeit einsatzgehärteter und nitrierter Stähle mit Schleifrissen, ZVDI 88 (1944) Nr. 51/52 S. 681/86.

[28] STAUDINGER, H.: Oberflächengehärtete Stahlteile und Schleifrisse, Härterei-Technische Mitteilungen 1952 Band 5 S. 226/41. München: Hanser.

[29] MÜNNICH: Einstechschleifen, Werkstattst. u. Masch. Bau 42 (1952) Nr. 3 S. 102/03.

[30] PAHLITZSCH, G.: Bandschleifen von Metall, Kunststoff, Glas und Keramik in den Vereinigten Staaten von Amerika, Werkstattst. u. Masch. Bau 43 (1953) Nr. 6 S. 283/88.

[31] PAHLITZSCH, G., u. H. WINDISCH: Bandschleifen oder Schleifscheibe? Metalloberfläche 1954: Nr. 2 S. A 17/26, Nr. 5 S. A 67/74, Nr. 6 S. A 87/92, Nr. 8 S. 119/25, Nr. 9 S. A 132/41 u. Nr. 12 S. A 180/88.

[32] BURKHARDT, A.: Das Tauchschleifverfahren, Werkstattst. u. Masch. Bau 41 (1951) Nr. 10 S. 392/96.

[33] Das Trennschleifen von Stangenmaterial und Röhren aus Eisen, Stahl und anderen Werkstoffen, Werkstattst. u. Masch. Bau 43 (1953) Nr. 2 S. 69/71.

[34] HUNGER, J., u. O. WERNER: Einfluß des Gefüges auf das Schleiffunkenbild unlegierter und legierter Stähle, Arch. Eisenhüttenwes. 23 (1952) Nr. 7/8 S. 277/86.

[35] WITTHOFF, J.: Zur Frage der Wirtschaftlichkeit des Schleifens von Hartmetallwerkzeugen mit Diamantschleifscheiben. Techn. Mitteilungen Krupp 1954, Nr. 5 S. 115/26.

[36] BALKE, H.: Von einigen neueren Fertigungen der Hochfrequenz-Keramik, Werkstattst. u. Masch. Bau 40 (1950) Nr. 9 S. 315/16.

[37] KRUG, C.: Wann zerspringt eine Schleifscheibe? Metalloberfläche 7 (1953) Nr. 1 S. B 3/4.

[38] SCROKA, K. H.: Von Berufskrankheiten bei der Metalloberflächenbearbeitung, Metalloberfläche 4 (1950) Nr. 10 S. A 154/57.

[39] BURKART, W.: Über die Schädlichkeit von Schleif- und Poliermittel, Metalloberfläche 7 (1953) Nr. 9 S. B 137/38.

[40] Bericht über die ADB-Tagung „Feinbearbeitung" vom 21. u. 22. Nov. 1952 in Stuttgart mit zahlreichen wissenschaftlichen Aufsätzen maßgeblicher Fachleute. Werkstattstechn. u. Masch. Bau 43 (1953) Nr. 3.

[41] LINCK, A.: Feinbohren, Feinschleifen, Läppen und Honen von Motorteilen bei der Instandsetzung von Fahrzeugmotoren, Metalloberfläche 6 (1952) Nr. 11 S. A 164/70.

[42] FINKELNBURG, H.: Druckstrahl-Läppen, Metalloberfläche 6 (1952) Nr. 9 S. A 138/47. — Ferner: LICHTENBERGER, H.: Druckstrahl-Läppen, Werkstattst. u. Masch. Bau 43 (1953) Nr. 8 S. 384.

[43] CATTIN, F.: Der Spiegelschliff. (La rectification spéculaire). Industrielle Organisation 19 (1950) Nr. 1 S. 10, Werkstattst. u. Masch. Bau 40 (1950) Nr. 7 S. 275.

[44] HEYES, J., u. W. A. FISCHER: Über das elektrolytische Polieren von Stahl, Metalloberfläche 4 (1950) Nr. 3 S. A 38/44.

[45] Ein neues Elektropoliergerät für Metalluntersuchungen, Werkstattst. u. Masch. Bau 41 (1951) Nr. 2 S. 63.

(721/12/55.)   57 275 4022

(Fortsetzung 4. Umschlagseite)